まるごとわかる トマト

田淵俊人 著

はじめに

　トマトは世界で最も多く生産され、かつ消費されている野菜だが、意外にも、野菜の中では栽培の歴史が新しい品目である。その理由は何か、そしてわずかな期間で世界中の人々を魅了するものは何か、講義や講演等を通してその疑問を解決すべく自問自答しているうちに、トマトを植物としてしっかりと見ていく、すわなち基本に戻ることで、新たな問題点が見出せるように思えてきた。

　このような事情から、トマトについて雑誌『農耕と園藝』に「トマトの履歴書」を13回に渡って連載した。本書はこれらの内容に加えて、トマトの植物学的な知識を盛り込み、「トマトの知識」として形態的、生理的特徴をまとめた。トマトの植物形態学や植物生理学について学びたい、再度トマトについて調べなおしたい方々や学生などに広く読んで頂ければ幸いである。

　また、栽培については基本的な作型から栽培方法などに加え、最新の技術、例えば植物工場等や、作型に合わせた新たな病害虫抵抗性品種、最新品種の情報を大幅に加筆した。

　最も力を注いだのは、本学で30年間にわたって本学で培ってきた野生種トマトや、世界中のトマトの品種の部分である。野生種トマトの入手は、今では様々な条約により困難となっているが、1986年にブラジ

ル・レシーフェで行われた国際会議に出席・発表した際、カリフォルニア大学トマト遺伝資源研究センターの故チャールズ・リック博士にお会いしたことに端を発している。

その後、現センター長のロジャー・シェテラ博士のご厚意もあり、多くの野生種トマトが今でも本学の温室内で30年に渡って花を咲かせ続けている。

トマト栽培の実際に当たっては、時には自ら栽培者のお宅に丁稚奉公にお伺いし、ある時には育種会社の現場に行き、学びの機会を得た。その結果、類を見ない膨大な写真を掲載することができた。

本書を通して、栽培者はもちろんのこと、技術指導や教育現場、野菜園芸学を志す学生、社会人の方々にとって、トマトの本質を少しでも感じ取って頂けるようなヒントがあれば幸いである。

そしてトマトを通して野菜、植物に興味を持ち、好奇心の源となればこれ以上の喜びはないと思っている。

本書を執筆するに当たり、できる限り幅広い方々に理解できるよう、わかりやすい表現につとめたつもりだが、それぞれ多様な意見があろうかと思われる。読者の遠慮ないご批判などを頂ければ幸いである。

田淵俊人

まるごとわかる トマト 目次

はじめに ………… 2
目次 ………… 4

第1章　トマトの基本 ………… 7

トマトの知識
　1. トマトとは ………… 8
　2. 種類と分類 ………… 8
　3. 形態的・生態的な特徴 ………… 10
　　コラム1・果実の成熟とともに変化する成分 ………… 20

第2章　トマトの栽培 ………… 21

トマトの栽培
　1. トマトの作型 ………… 22
　2. 各作型に共通する栽培技術 ………… 26
　露地栽培 ………… 38
　夏秋雨よけ栽培 ………… 46
　早熟栽培 ………… 50
　促成栽培（長期） ………… 52
　促成栽培（短期） ………… 58
　半促成栽培 ………… 62
　抑制栽培 ………… 65
　中玉トマト栽培 ………… 68
　ミニトマト栽培 ………… 69
　養液土耕栽培 ………… 70
　植物工場の可能性 ………… 72

トマトの病害虫
　病気 ………… 78
　害虫 ………… 82
　生理障害 ………… 86
　　コラム2・有毒な「ホルムアルデヒド」を無毒化するトマト ………… 88

第3章　日本のトマト ……… 89

日本の品種変遷
　1. 日本における最初のトマト栽培　……… 90
　2. 明治から昭和初期までのトマト品種　……… 90
　3. 昭和初期に誕生した日本の品種　……… 91
　4. 品種の多様化へ　……… 92
　5. 再び昭和のトマトへ　……… 93

トマト品種図鑑 日本品種
　明治～昭和初期に日本で栽培された品種　……… 94
　現在日本で栽培されている品種　……… 100
　日本品種 耐病性一覧表　……… 118
　トマトのひみつ1・果実の成熟を遅らせて、「棚持ち」をよくするトマト　……… 103
　トマトのひみつ2・「わき芽摘み」をしなくても安定して結実させるトマト　……… 107
　トマトのひみつ3・ジョイントレス形質を持つトマト　……… 111
　トマトのひみつ4・受粉しなくても、結実させるトマト　……… 113
　トマトのひみつ5・房ごと収穫が可能なミニトマト　……… 117
　　コラム3・日本で最初に栽培されたトマトは？　……… 120

第4章　世界のトマト ……… 121

世界のトマト事情
　1. イタリアの品種　……… 122
　2. 加工用トマトの消費の下地　……… 122
　3. 世界で最もトマトを食べる国　……… 123
　4. ジュース専用、加工・調理用トマト　……… 124
　5. 北ヨーロッパで発達したトマト　……… 125
　6. アメリカのトマト　……… 125
　7. アメリカ開拓とともに品種が増加　……… 126
　8. トマトの果色　……… 126
　9. 色彩学的に見た、色の好み　……… 127

トマト品種図鑑 世界品種
　アメリカの品種　……… 128
　ヨーロッパの品種　……… 133
　ロシアの品種　……… 138
　その他の地域　……… 140
　　コラム4・世界で最初に栽培されたトマトは？　……… 142

第 5 章　野生種トマト ……………143

野生種トマトの基本
 1．野生種トマトとは　……………144
トマト品種図鑑 野生種　……………150
野生種トマトの可能性
 1．成熟しても緑色の「緑熟種」　……………156
 2．最も原始的な野生種トマト　……………164
貴重な野生種トマト
 1．ガラパゴス諸島に自生する野生種トマト　……………169
ガラパゴス諸島 野生種トマト MAP　……………174
  コラム 5・トマト種子の輸入に関する問題点　……………176

第 6 章　トマトの歴史 ……………177

栽培までの道のり
 1．栽培トマトの起源　……………178
  コラム 6・なぜ、メキシコのベラクルス州で
     積極的にトマトが食用とされたのか？　……………183
 2．ヨーロッパで市民権を得るまで　……………184
  コラム 7・トマトの学名の意味は「オオカミの桃」　……………185
 3．日本への来歴　……………188
  コラム 8・トマトが世界の人気者となった理由　……………192

索引
 学名　……………194
 国名　……………195
 品種名　……………196
 その他　……………200

参考文献・写真提供　……………205
あとがき　……………206
著者紹介　……………208

第1章 トマトの基本

そもそもトマトとはどのような植物なのか、
トマトにはどんな種類があるのか、
意外と知らないトマトの基礎知識を解説します。

トマトの知識

1. トマトとは

　トマトはナス科の野菜で、園芸学的には果実を利用する果菜類に分類される。植物体は草本または潅木で、多くは1年草である。果実には各種の糖（グルコースやフルクトース）やペクチン質、クエン酸などの有機酸、アミノ酸（グルタミン酸やアスパラギン酸）、ビタミン類（ビタミンC、B_1、B_2など）やカリウム、カルシウムなどのミネラルを豊富に含んでいる。

　また、機能性成分としてカロテノイド系の色素（鮮赤色のリコペンや黄色のβ-カロテン）を含み、リコペンは抗酸化性、β-カロテンはビタミンAとしての効力を持っている。したがって、「栄養価のバランスがとれた食品」として非常に重要な野菜である。

2. 種類と分類

　トマト（*Lycopersicon esculentum* Mill.）は、世界で最も多く栽培されている野菜である。トマトは品種育成の過程で栽培地域の環境や利用性によって、果実の大きさや色、形など、様々な変異を経てきた。それらを用途によって分類すると、果実をそのまま食する生食用と、加工用の品種に分けられる。

　生食用品種は多種多様で、日本では果実重が200g前後の大玉トマト（大果系品種）と、果径が2～3cmほどのミニトマト（チェリートマト、小玉トマト）の他、房ごと収穫する果径が4～5cm前後とゴルフボールほどの大きさの中玉トマト（ミディトマト）も栽培されている。

　一般的なトマトは、第2～第3果房の収穫期に達した果実を縦断面で見た場合、「球形」（縦横の比率がほぼ等しい）あるいは「腰高」（果

実の縦径がやや長い)で、果実の色はピンク色で糖度の高い品種が好まれる。近年では、日持ちが優れる加工用品種の果実の硬い形質を取り込み、ある程度果実の成熟度が進んでいても市場出荷が可能で、日持ち(店持ち、棚持ち)の優れる完熟系品種が主流になっている。ミニトマトの品種は果実の形や色が非常に多様である。

　加工用品種は、ヨーロッパやアメリカではホールトマト、ピューレ、ケチャップの原料として栽培されているが、日本では主にジュースなどの原料として栽培される。完熟果にはリコペンやβ-カロテンなどのカロテノイド色素が多く含まれて赤く、酸味が強いのでジュースなどの加工品として適している。

栽培トマトの分類

3. 形態的・生態的な特徴

(1) 種子

① 種子の形態

トマトの種子は、種皮、胚乳、胚からなる有胚乳種子である（図1）。種子の外部形態は種や品種によって形、大きさ、種皮の色、模様、凹凸やしわ、毛の有無などが大きく異なる。栽培トマトの種子は比較的大きいものが多く、長さ3～4mm、幅2～3mm程度である。

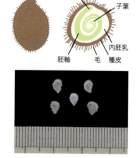

図1　トマト種子の形状と種子の大きさ

② 種子の発芽条件

種子の休眠性は極めて浅く、播種後ただちに発芽する。発芽適温となる25～28℃を保つと播種後4～5日目で発芽する。しかし、播種時に35℃以上の高温や10℃以下の低温、あるいは水分や酸素の供給が不十分な場合には硬実化して発芽率が低下しやすい。

(2) 根の構造

発芽後の根は幼根で、種子中に存在するので種子根とも呼ばれる。種子根が生長すると一次根を形成し、これが伸長・肥大して主根となる。

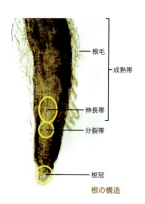

根の構造

主根の生長にともなって側根が形成され、全体として根系が作られる。根の最も先端部を根冠と呼ぶ。この部分は土壌中に根を伸長させる際に根の内部を保護する役割を持つ。根冠の基部には分裂帯、伸長帯がある。根の伸長は、分裂帯で新たに根になる細胞を分化し、伸長帯でこれらの細胞が伸長・生長して起こる。伸長帯の基部は成熟帯と呼ばれ、多くの根毛が発達して養水分の吸収に役立っている。

第1章 トマトの基本

(3) 子葉、本葉の展開と育苗

　子葉の展開後、3～5日おきに本葉が1枚ずつ展開し、7～8枚で第1花房が分化する。それ以降、3葉展開するごとに花房が一定方向に分化する。

　育苗は本葉が8～9枚展開し、第1花房の第1花が開花するまで行う。育苗期間は、高温期では30～40日間、低温期は60～90日間を必要とする。また、温度管理の必要がないハウス抑制栽培や促成栽培の場合、本葉が2～4枚展開した時の苗を利用する。その際、セルトレイなどに直播きして育苗した苗を圃場などに定植する。

発芽後の幼植物体（本葉は未展開）

ロックウールに定植した苗
（本葉7枚展開時、第1花房着生時）

(4) 葉の形状と内部形態

　トマトの葉は小葉を持つ不規則な奇数羽状複葉である。葉の形状は、種や品種により異なり、栽培トマトには植物体の下部まで光が入りやすいように小葉がやや小さいものが多い。また、小葉が大きく、ジャガイモの葉のような形態（ポテトリーフ）を示すものなど、様々である。

葉の形状（複葉）　左：普通種トマト　中：大葉　右：ジャガイモ様の形態（ポテトリーフ）をした葉

（5）茎の生長

トマトの主枝は1～2m以上に生長し、各葉わきから側枝を発生するので放任すると叢生状に繁茂する。また、枝は軟弱なのでほふくする。通常は主枝の頂端に花芽が分化すると、最上位葉のわき芽（第1次側枝）を1本残して他は摘除する。第1次側枝は通常3枚の葉を着生すると、その頂端に花芽を分化するので、第1次側枝の最上位葉のわき芽（第2次側枝）を1本伸長させる。それ以降、これをくり返して単軸状仮軸分枝を作る。このように、トマトでは、花を形成しながら側枝を伸長しているように見える。

非心止まり性（上へと伸長・生長を続ける）

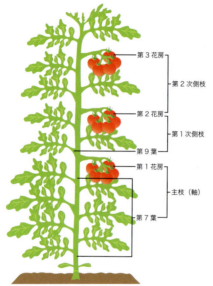

非心止まり性の栽培風景

心止まり性

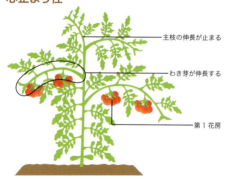

心止まり性の栽培風景

（6）花の構造と受粉・受精

① 花序の形態

トマトの花房は集散花序で、通常は花序軸が単一なシングル果房（単出集散花序の中のサソリ形花序）になることが多いが、二叉あるいは多岐となるダブル果房（部分的な二出集散花序）になることもある。

果房の形態

シングル果房　　　ダブル果房

② 花芽の分化および発達と外的要因

トマトは、日長条件によって花芽分化がほとんど影響されない中性植物であり、ある発育段階に達すると花芽の分化形成が始まる。ただし、温度、光量の強さ、肥料や水分条件は花芽分化の開始時期や、花芽の質に影響を及ぼす。特に温度については、昼と夜の温度較差（感温周期性）の影響が大きく、昼温／夜温＝25℃／15℃程度で生育すると花の各器官が最も充実するため、ハウス栽培ではこの感温周期性に基づいて温度管理を行う必要がある。光量は強いほど花芽の分化と発達が優れる。

トマトは、光量が不足すると花芽分化が遅れ、着花節位が上昇しやすく、肥料は肥沃な土壌条件下で生育させると、花の各器官の発達が良好となる。また、花芽分化後の水分不足は、花芽への養水分の転流を抑制するため花芽の発育を遅らせる。

③ 花芽の分化および発達と内的要因

花芽の分化と発達には、幼苗期の植物体の発育程度が大きく影響する。幼苗期は、葉から転流される光合成の同化産物と根から吸収される無機栄養分によって植物体内の炭水化物（C）と、窒素化合物（N）が著しく増加するが、栄養生長から生殖生長に移行する過程で、植物体内のC/N率が高い場合には、花芽分化数が多く、花芽の発育が優れる傾向がある。

④ 花芽の分化および発達過程

トマトの花芽の発生を見ると、発芽後ある程度栄養生長を続けて本葉が7～10枚分化した時期になると、これまで葉を分化し続けていた茎頂分裂組織が肥厚して隆起し始め、扁平となって花芽を分化するようになる。この花芽が第1花房の第1番花となり、その側部に第2番花、第3番花以降を順次分化して花房を形成する。1つの花芽が分化して次の花芽を分化するまでの間隔はおよそ2～3日で前の花芽のがく片形成期の頃に次の花芽の分化が認められるようになる。

このように、トマトでは第1花房が形成されたあとに第2花房、第3花房を形成しながら仮軸分枝が上方に向かって伸長していくため、花と側枝が同時に分化する。茎頂に分化した花芽の発達過程を組織学的にみると、まず初めに肥厚して隆起した花芽原基の外側に5～6枚のがく片が分化し、次いで花弁、雄ずい、雌ずいと花の外側に位置する器官から内側に向かって分化・発達する。雄ずいはさらに発達して葯を形成し、葯の内部では花粉母細胞が形成される。その後、減数分裂を行って花粉四分子が形成され、これらがそれぞれ発達して花粉粒となる。雌ずいは、心皮が分化・発達して、柱頭と花柱と子房を形成する。子房の内部は心皮の数に対応して2～8の子室に分かれ、子室の内部では、中軸胎座が分化・発達する。

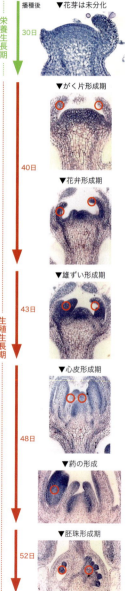

トマトの発達過程

⑤ 開花と花の形態

トマトの花は、雄ずいと雌ずいの両性器官を有する両性花である。合弁花で花冠裂片が5〜7枚となり開花時に平開する。花冠の内側には5〜7個の雄ずいが位置し、さらに内側には雌ずいが着生する。雄ずいは長さ

左：開花時の花
右：縦に裂開した雄ずい（丸印）と雌ずい（矢印）

10mm程度の筒状になって雌ずいを取り巻くように葯筒を形成し、開花直前・直後に葯筒の内側が縦に裂け、開葯して花粉を放出する。

トマトの正常な花の開花時における雌ずいの長さは、葯筒と同じ長さの中花柱花である。しかし、高夜温、低日照、密植条件下や施肥量が少ない場合、花の各器官の発達状態が不良となり、雌ずいの短い、いわゆる短花柱花の発生割合が高くなり、受粉が行われにくくなる。

⑥ 開花、開葯と受粉

花蕾が成熟し、外的条件が適切であると開花が行われる。トマトの花は、基本的には1日中時刻を選ばず開花し、3〜4日間は開花し続ける。

トマトの開葯は、開花開始後1日が経過して花冠裂片の先端部が外側に反り返る段階になると始まり、葯筒の内側が縦方向に裂開する。花房の中では、5個またはそれ以上の花冠裂片からなる黄色の合弁花冠を持つ両性花を着生する。トマトの花には花粉が多数形成されており、自家和合性である。したがって、葯筒の中に雌ずいが入っていて、開花にともなって伸長し、その際に葯筒側面が裂開して花粉が柱頭につくため、花の構造上自家受粉しやすい。花には蜜腺が発達していないので、花粉を集めるマルハナバチなどの「訪花昆虫」による授粉や、人工授粉などが行われる。

⑦ 花粉管の伸長と受精時間

　トマトの受粉は、開花後1〜2日の午前中に行われることが多い。受粉後に柱頭上についた花粉は、通常10〜20分経過すると発芽して花粉管を伸ばし、花柱内の誘導組織を通って子房に達する。花粉管には精核と花粉管核があり、子房内に入った花粉管は、胚嚢内で卵核と受精して接合子（2n）を作る。他の精核は中心細胞の極核の1つと合体して3nの胚乳原核になる。受粉後、受精が完了するまでの時間は24〜50時間程度である。なお、トマトの雌ずいの受粉能力は開花後4〜5日目、花粉の受精能力は開葯直後〜開花後2日目までである。

⑧ 開花、結実の外的・内的要因

　外的要因としては、主に温度、光条件が関与している。一般に低温すぎる場合、植物体の発育が不良となって開花をしないことが多く、昼温で15℃以上が必要である。高温すぎる場合は花の各器官の発達が不良となり、花粉の発芽率や雌ずいの受精能力が大きく低下する。

　光条件に関しては強日照条件が望ましく、日照量が不足すると植物体の受光量の減少にともなう光合成速度の低下によって、植物体内の養分不足が生じて開花数が減少する。また、花の発達への影響も大きく、雌ずいでは短花柱花の発生率が高くなる。

⑨ 花柄における花器官の脱離と、その対策

　トマトは、器官脱離を起こす離層細胞は花芽分化の初期段階ですでに始まっており、開花時には離層は花柄を横断するようにして完成している。開花前後の極端な気温の高低、乾燥や過湿などに遭遇すると花の雄ずいや雌ずいなどの各器官の発達が不完全になる。また、訪花昆虫が少ない場合にも受粉・受精が不完全になりやす

左：開花直後の離層部（矢印）
右：脱離直前の花柄（矢印）

い。結果、受粉・受精が行われず、種子形成が不十分になり、花器官からエチレンが生成されて花柄の離層細胞に作用し、離層細胞が急激に膨張・崩壊して脱離が生じる。

（7）果実の構造、発育と成熟
① 果実の形態

　トマトの花は子房上位花で、果実は子房から発達した真果である。果実は、外側から外果皮、中果皮、内果皮と胎座および種子で構成されている。中果皮は多肉質で水分を多く含む。

　内果皮は、子室との境界をなしている部分で、心皮の内側に由来する。トマト果実の可食部は、子房全体に相当する。中果皮と果心とを結ぶ隔壁によって、2～8室程度の子室に分かれている。各子室の中心部には胎座があって多くの種子を着生する。受精後に胎座の柔組織（胎座増生部）が種子を包んで発達し、その柔組織の細胞壁が薄くなってゼリー状になる。胎座部は、表面に多くの種子を着生し、受精後肥大して果実内部を満たして食用の大部分を占める。子室は柔組織で満たされているが、柔細胞の間に大きな細胞間隙が多数生じているので、果肉は独特の弾力性を有する。

トマト果実の縦断面（左）と横断面（右）

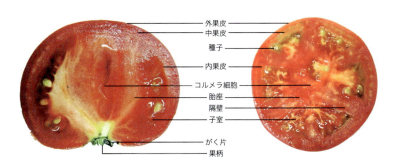

② 果実の発育と成熟過程

　トマト果実の外部形態的な発育過程をみると、開花直後の子房は肥大が緩慢であるが、受精が行われてからは急速に進む。トマトは開花後30日目までに肥大が急激に進み（果実肥大の単一S字状曲線）、以後は40～50日で着色が始まり、やがて最大に達して成熟段階に至る。

③ 果実の発育・成熟と外的要因

　トマトの果実の発育には光合成産物の蓄積が不可欠であり、それには、光、温度、水分などが影響する。光条件は果実の肥大生長に大きな影響を及ぼし、低日照下では果実の肥大が不良となる。

　特に、冬の低日照条件下では光エネルギーの絶対量が不足し、施設内における光量は露地の50～60％に低下するため、栽植密度や整枝によって受光体制を整えるなどの工夫が必要である。

　温度の影響についてみると、果実への光合成産物の分配は高温によって多くなるが、同時に呼吸による消耗も大きくなるので昼温と夜温の較差を十分に持たせるようにする。特に夜温はやや低温で管理し、光合成産物の転流を促進し呼吸による光合成産物の消耗を極力減少させることが重要である。

トマト果実の成熟過程

▼開花後7日目

▼開花後14日目

▼緑熟期

▼催色期

▼桃熟期

▼完熟期

④ 果実の発育・成熟と内的要因

　トマトの果実の発育を組織学的にみると、細胞分裂期と細胞肥大期に大別される。果実となる子房の細胞分裂期は開花期までにほとんど終了しているので、開花後の果実の肥大は主に細胞の肥大によって行われる。

　トマトにおける葉から果実への光合成産物の転流や分配は、葉序と関連し、維管束の配列にしたがって行われている。

　これによると、第1果房より1節下位の葉からは、主に第1果房を含めた上下の各部位へ転流される。それに対して、第1果房のすぐ上に着生する葉から第1花房への転流は少なく、この葉からの光合成産物は茎や根への転流が多くなっている。また、第1果房から2節と3節上の葉からは第1果房への転流が多い。第2花房以上においても、葉から上下の花房への光合成産物の転流には同じ傾向が認められる。

　果実の肥大生長においては、種子の形成数が多いほど大きな果実が得られる。これは、種子で生成されたオーキシンが果実の細胞肥大・生長を促進し、光合成産物や水分のシンク（受け取り側）としての活性を高めて、茎や葉などのソース（送り出す側）から光合成産物や水分が果実子房内に転流するのを促進させるためである。

　トマトの果実においては、成熟期の桃熟期に果実からのエチレン生成量と呼吸量が増大し（クライマクテリック型）、細胞内のプロトペクチンの分解によって果実を構成する細胞自体の軟化が起こる。

コラム1

果実の成熟とともに変化する成分

　トマト果実は、新鮮重の約90%を水分が占めている。果実の乾物の主体は炭水化物で、ほとんどが葉からの転流によって供給されている。トマトの転流物質はショ糖であるが、果実中に転流されると、ブドウ糖や果糖などの還元糖に変わる。

　果実に含まれている有機酸はクエン酸が大部分を占め、次いでリンゴ酸、酒石酸が多い。有機酸の多くは果実の発育初期に遊離酸として存在するため酸味が強いが、成熟にともなってアルカリと結合して中性塩を作るため、酸味は減少する。

　ビタミン類は大部分が還元型のビタミンCで、果実の発育初期から含まれており、緑熟期にはすでに最大になっている。

　また、果実の成熟にともなってアミノ酸のグルタミン酸やアスパラギン酸が急増する。果実の色素は、成熟にともなって緑色を示すクロロフィルが分解し、リコペンやβ-カロテンなどの赤色や黄色を示すカロテノイド系色素の含有量が増大する。

　ちなみに、リコペンは赤色を示す色素で、β-カロテンと同じカロテノイド系色素である。1988年までは栄養的には価値のないものというレベルでしか認められていなかったが、1989年、アメリカのモーリスによって抗酸化作用があることが明らかになった。なお、トマトはニンジンに含まれるβ-カロテン以上にリコペンを含むため、抗酸化作用の最も強い野菜であると考えられる。

　トマトがわずか200年の間で、世界で最も食べられる野菜になった理由は、赤色の魅力、栄養価が高く味の源になったことに加え、抗酸化作用が認められたことなど、人々の食生活に必要不可欠な要素を多く兼ね備えていたからに他ならない。

第2章
トマトの栽培

日本におけるトマトの栽培方法は様々です。
多様な栽培方法が確立するまでの歴史とともに、
トマトを栽培するうえで必要となる栽培技術を解説します。

トマトの栽培

1. トマトの作型

作型とは

気候や土壌などの環境条件に対する野菜の適応性と、栽培上の管理手段が統合されていくつかの栽培型が成り立っている。これらの栽培型はそれぞれに独立した栽培技術体系がある。これらの各栽培型の「総合的な技術体系」を作型と呼ぶ。

作型は品種、栽培技術、経済情勢などによって変化していくものである。最近では、トマトの生理・生態的な特性の解明、新たな栽培技術の開発、品種の改良や育成などによって、周年出荷の季節的な変動をより小さくして生産・出荷が行われるようになり、作型はますます複雑・多岐なものへと変化している。

トマトの代表的な作型と品種

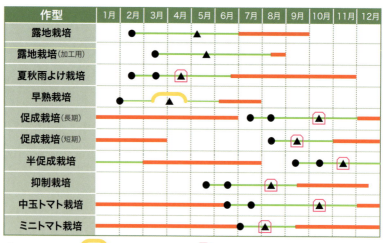

● : 播種　▲ : 定植　⌒ : ビニルトンネル内に定植　▲(囲み) : ビニルハウス内に定植　── : 育苗期　━━ : 収穫期
※中玉トマト、ミニトマトの詳細はP.68、69を参照

第2章 トマトの栽培

トマトの作型が多く名称が複雑な理由

　作型の名称や分類を決める場合、栽培適地と品種を選ぶだけで周年栽培ができる野菜の場合、「春播き」「秋播き」などのように播種期により分けることが多い。例えば、レタスの場合はトンネル栽培、ホウレンソウはハウス栽培など、環境調節が必要とされ、「春播き夏どり栽培」、「夏播き冬どり栽培」の他に「秋播き冬どり栽培」や「冬播き春どり栽培」の作型を用いることで周年栽培が行われる。

　トマトは、周年供給のために必要な栽培適地や品種、環境調節がより複雑である。そこで、育苗期間のみ保温や加温をする「早熟栽培」、栽培期間の前半を保温・加温する「半促成栽培」、栽培期間のすべてを保温・加温する「促成栽培」などに細分化された栽培技術が必要となり、様々な名称の作型が存在するのである。

トマト作型の確立の歴史　―明治時代から大正時代まで―

　日本においてトマト栽培が一般的ではなかった明治初期、日本は海外から輸入された品種を栽培していた。その頃は露地栽培が中心で、主に早生品種が栽培されていた。しかし、当時から促成栽培は試みられており、踏み込みの温床を使って1月に播種し、木枠温床の中で5月下旬から収穫する方法も行われていた。

　大正時代に入ると、露地栽培と併用して促成栽培が確立するが、露地栽培が中心で、木枠温床による栽培を促成栽培とし、露地栽培を抑制栽培として貯蔵による12月出荷が行われていた。

　大正時代後半には、2月上旬から中旬播種の温床育苗による早熟栽培、冷床育苗による普通栽培、7月上旬播種で冷床育苗し、8月下旬から9月上旬定植の抑制栽培が確立し、11月の低温期にはワラ囲いと油障子で1月上旬から中旬まで収穫が可能であった。同時期に、愛知トマトソース製造合資会社（現在のカゴメ株式会社）によるソース用の加工栽培が始まった。したがって、大正時代後半にはトマトの栽培法がほぼ確立したことになる。

トマト作型の確立の歴史 ―昭和に入り周年生産が確立―

昭和に入ると温室が普及し、現在の作型の基本が確立した。

昭和26年にはビニルの普及により新たにトンネル栽培やビニルハウス栽培が加わり、これによってトマトは周年生産が可能になった。油障子はすべてビニルに変わり、大型ハウスが出現した結果、11月から12月収穫期は9月播種となり、早熟栽培と半促成栽培が新たな作型となった。昭和50年代には雨よけ栽培も加わり、現在の作型ができあがった。

日本における主な生産地

平成27年における主要な生産地は熊本県で、作付面積、収穫量ともに1位を示す。次いで北海道、茨城県、千葉県、愛知県などである（平成27年産野菜生産出荷統計）。作型は熊本県、千葉県、愛知県などでは周年栽培、北海道、茨城県、福島県、長野県や岐阜県では夏秋（7～9月）の出荷を目的とする夏雨よけ栽培や露地栽培が主体である。

東京中央卸売市場におけるトマトの月別入荷量を見ると、1～3月では熊本県、栃木県、愛知県、千葉県、茨城県などに集中している。しかし、7～9月の夏秋だけを見ると青森県、福島県、北海道、岩手県、秋田県、山形県などの北海道、東北地方の入荷が多い。大阪中央卸売市場においても、12～6月は熊本県、福岡県、佐賀県が多く、7～9月に

平成27年度県別のトマト収穫量（100t）

	トマト全体		ミニトマト		加工用トマト	
1	熊本県	1,250	熊本県	300	茨城県	126
2	北海道	617	北海道	144	長野県	113
3	茨城県	473	愛知県	117	栃木県	20
4	千葉県	434	宮崎県	76	福島県	13
5	愛知県	406	福島県	72	北海道	8

（平成27年度農林水産省・野菜生産出荷統計より）

第2章 トマトの栽培

は岐阜県を中心に鳥取県まで、山間地を中心とした地域の入荷が増える。また、ミニトマトは熊本県、北海道、愛知県、宮崎県、福島県などが主産地で周年栽培される。加工用トマトは茨城県、長野県、栃木県、福島県、北海道などが主産地で、ジュース用として加工会社との間で契約栽培され、8月収穫の露地栽培がほとんどである。このように、トマトの生産は栽培適地によって季節ごとに出荷時期が異なっており、年間を通して消費者に供給できる周年栽培の体制が整っている。

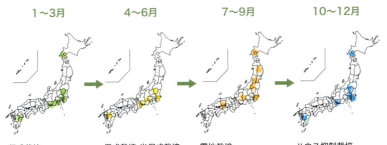

1～3月
促成栽培
（ファースト型を含む）
ガラス温室やアクリルハウス、硬質ハウスなど、採光性、保温性、除湿性の優れたハウス栽培を行い、商品性の良い高品質トマトの生産を行う。

4～6月
促成栽培、半促成栽培、トンネル早熟栽培
ガラス温室やアクリルハウス、硬質ハウスの他、大型プラスチックハウスを使った加温栽培、パイプハウスなどを使った無加温栽培を行う。

7～9月
露地栽培、夏秋雨よけ栽培
パイプハウスなど、簡易施設を用いてハウスの屋根部分にプラスチックフィルムを被覆して栽培を行う。8～10段取りで高冷地での栽培が多い。

10～12月
ハウス抑制栽培
大型ハウスでは半抑制キュウリとの輪作、パイプハウスではメロン、スイカとの輪作である。パイプハウスは加温設備がないので、霜が降りる11月までに収穫を終える。

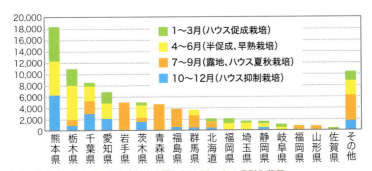

東京中央卸売市場および大阪中央卸売市場におけるトマトの県別入荷量
（単位：t、2014～2015年）（平成27年度農林水産省・野菜生産出荷統計より）

2. 各作型に共通する栽培技術

　播種、育苗、定植時期やその留意点は、各作型により異なるが、播種に用いる土や育苗培地、定植後の管理法として水分管理、施肥、温度管理、二酸化炭素施用や整枝法など、共通項目も多い。ここでは、各作型に共通する栽培技術を述べることとする。

播種に用いる土、育苗培地の作り方

　単用、あるいは混合して培地とする。肥料は養液で補給する。これらの培地は無病で、通気性、排水性、保水性に優れている。

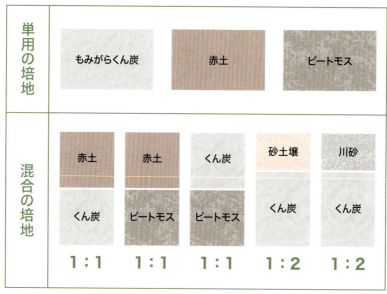

※もみがらくん炭（もみがらを炭火したもの）の場合は、立枯れ病予防のためTPN水和剤（800～1000倍）、もみがらくん炭や混合培地など、無肥料の培地では液肥を散水しておくとよい。
※TPN水和剤（有効成分は、テトラクロロイソフタロニトリル。商品名は、クミアイダコニール水和剤など）
※液肥は、OATアグリオ株式会社のOK-F-1などを用いる。

播種床は育苗箱を用いて、培地を厚さ5〜6cmにつめて十分に滴るよう灌水を行う。播種幅は条間5〜6cm、種子の間隔1〜1.5cmとする。覆土は、単用では1cm、混合培地では5〜6cmとする。

育苗苗の様子

播種

トマト種子は休眠が浅く、25〜28℃を保つと播種後4〜5日で発芽する。しかし、播種期が高温あるいは低温の場合や、過湿の場合には発芽勢や発芽率が低下する。作型により播種期が異なるので注意する。

鉢上げと灌水

鉢上げ用の土は、あらかじめ用意した無病のもの、山砂にピートモスを30〜40％混合し、山砂1L当たり過リン酸石灰を1.5〜2g混合した培地も便利である。鉢上げ作業は、床土を液肥などで十分に湿らせ、播種床から苗を丁寧に堀り上げて（この時に根を極力切らないようにする）、株元を押さえつけないように行うことが重要である。

灌水は、表面が乾かないように行い、1回の灌水量は鉢底から水が流れ出る程度とする。鉢上げ後の置き場所は、日光のよく当たる場所で、温度管理にも十分に注意する必要がある。鉢上げ後の管理の要点は以下のとおりである。

1．本葉が5〜6枚展開した後は、極力灌水量を少なめにし、根の発達を促進させる必要がある。
2．育苗中は高温多湿に注意し、病害虫の発生防除を行う。斑点病、疫病、輪紋病対策にダコニール水和剤を7〜10日おきに散布する。立ち枯れ病対策にオーソサイド水和剤800〜1000倍液を散布する。
3．ウイルスの感染を媒介するアブラムシ、オンシツコナジラミの侵入を防ぐ。

台木と接ぎ木

同一圃場に2～3年くり返して栽培すると、萎凋病、根腐れ萎凋病、褐色根腐れ病、青枯病などの土壌病害や、ネコブセンチュウ（特にサツマイモネコブセンチュウ）の被害が大きい。

対策としては、輪作や養液栽培による栽培法の他、病害虫抵抗性品種や抵抗性台木の利用が行われている。台木品種の利用に際しては、トマトモザイクウイルス（ToMV）抵抗性因子が穂木品種と同じものを用いることが重要である。各作型により発生する病害が異なるので、作型の項で述べることとする。

台木トマトの主要品種と耐病虫性

台木品種	育種会社	TM型耐病性	青枯病	褐色根腐病	根腐萎凋病	半身萎凋病	半身萎凋病レース2	萎凋病レース1	萎凋病レース2	萎凋病レース3	ネコブセンチュウ	備考
がんばる根	愛三種苗	Tm-2ª型	4	1.5	○	2	×	5	3	×	5	青枯病強耐性
がんばる根3号	愛三種苗	Tm-2ª型	3	3	○	5	×	5	5		5	複合耐性
がんばる根11号	愛三種苗	Tm-2ª型	3.5	3	○	5	×	5	5		5	複合耐性
スパイク	愛三種苗	Tm-2ª型	3	4.5	○	5	×	5			5	褐色根腐れ病耐性
Bバリア	タキイ種苗	Tm-2ª型	9	1	○	○	○	○			○	青枯病強耐性
ガードナー	タキイ種苗	Tm-2a型	7	6	○	○	○	○	×		○	青枯病強耐性
足じまんSS	みかど協和	Tm-2型	◎		◎	◎		◎	◎		○	青枯病耐病性
足じまんダッシュ	みかど協和	Tm-2型	◎		◎	◎		◎	◎		○	青枯病耐病性
キャディ1号	トキタ種苗	Tm-2ª型	○	○	◎	×	×	◎	◎		○	青枯病、F2耐性
サポート	サカタのタネ	Tm-2ª型	○	×	○	○		○	○		○	青枯病強耐性
ジョイント	サカタのタネ	Tm-2ª型	○	○	○	○	×	○	○	×	○	複合耐性
助っ人	カネコ種苗	Tm-2ª型	○		○	○		○	×		○	複合耐性

耐病虫性　：弱　1 ↔ 10　強　　抵抗虫性→◎　耐病虫性→○抵抗性または耐病虫性あり→○
抵抗性または耐病性なし→ ×

第2章 トマトの栽培

主な接ぎ木方法

挿し接ぎ

①台木を用意する

台木の大きさ(5〜6葉期)

台木に本葉3枚をつけて摘心を行う。また穂を差し込めるよう竹ベラなどで切り口をつける

②穂を用意する

硬めに育てた穂(2葉期)を台木の切り口と同じくらいの高さで切り上げる

片面を切り上げる

③穂を台木に挿しこむ

ポイント

穂の切り口を下側にして、穂先を突出させるのがコツ

斜め合わせ接ぎ

①台木を小葉の上で切断する

ポイント

切り口の角度は30度が良い

②接ぎ木支持器具を台木に挿しこむ

スーパーウィズ、ストローなどを用いる

③穂木を小葉の上で切断する

(角度は台木同様30度)

④穂木と台木の切り口が密着するよう穂木をしっかりと差し込む

定植時の施肥基準

　定植する圃場の準備の注意点は以下のとおりである。また、定植する場合の施肥基準を作型ごとに示した。物理性と化学性が優れるように注意することが重要となる。ハウス栽培と露地栽培で異なる。

1．土壌は土壌還元消毒、太陽熱消毒を行う。ネマトーダなどの発生が多い場合、寄生密度を減らすためD-D剤かドロクロールを灌注する。この場合、フィルムで10～15日間密封し、圃場全体を耕した後、再度薬剤を灌注して耕し、ビニルで10～15日間密封後に耕し、5～7日間放置し、施肥を行う。

2．施肥は、物理性と化学性の優れるように注意する。ハウス栽培と露地栽培では異なる。

露地栽培

全面散布の施肥例：
10a当たり5～8t目標収量
① 堆肥：総量、基肥とも2,000kg
② 苦土石灰：総量、基肥とも90kg
③ CDU化成 (15:15:15)：総量80kg、基肥60kg、追肥20kg（1回）
④ 溶リン：総量、基肥とも50kg
⑤ 塩化カリ：総量、基肥とも40kg
⑥ 液肥 (10:5:8)：総量20kg、基肥10kg、追肥10kg（1回）
⑦ 尿素：追肥として10kgずつ3回

全面と溝施肥の例：
10a当たり8～10t目標収量
① 堆肥：全面2,000kg
② ピートモス：溝30袋
③ エスカ有機：全面100kg、溝200kg、追肥で30kgを2回
④ ロング100、140：溝にそれぞれ50、70kg
⑤ 過リン酸石灰：溝に50kg
⑥ 溶リン：溝に30kg
⑦ 有機カリ：全面、溝に30kg
⑧ IB化成：全面50kg
⑨ 苦土石灰：溝に70kg

早熟栽培（全面と溝施肥の例）10aあたり6～8t目標収量

① 堆肥：全面2,000kg
② ピートモス：溝70袋
③ エスカ有機：全面100kg、溝200kg、追肥として30kgを3回
④ ロング100、140：溝にそれぞれ50、70kg
⑤ 過リン酸石灰：溝に50kg
⑥ 有機カリ：全面30kg、溝に60kg
⑦ 溶リン：溝に30kg
⑧ IB化成：全面に50kg（細粒）
⑨ 苦土石灰：溝70kg

※エスカ　有機：有機質肥料の1つ、OK-F-1：大塚水溶性園芸肥料、※苦土重焼リン：溶性リン酸と、水溶性リン酸の両方を含む高濃度のリン酸肥料のこと

第2章 トマトの栽培

ハウス促成栽培

10a 当たり 13〜15 t の目標収量
① 堆肥：全面基肥 1,500kg、溝 2,000kg
② ピートモス（1袋50ℓ入り）：全面50袋、溝100袋
③ ナタネの油かす：全面100kg、溝100kg
④ IB化成：全面、溝とも 30kg
⑤ ロング 100、140：溝に 50kgずつ
⑥ 有機カリ：全面 30kg、溝に 60kg
⑦ 苦土石灰：全面 50kg、溝 100kg
⑧ 追肥として OK-F-1 を 20kgずつ 4回

10a 当たり 15〜18 t の目標収量
① 堆肥：全面基肥 1,000kg、溝 1,500kg
② ポートモス（1袋50ℓ入り）：全面 30袋、溝 70袋
③ エスカ有機：全面60kg、溝120kg、追肥として 420gずつ 7回
④ IB化成：全面、溝とも 30kg
⑤ ロング100、140:溝に50kgずつ
⑥ 有機カリ：全面、溝ともに 60kg
⑦ リン酸硝安カリ：50kgを基肥、追肥として 80kgを 2〜3回
⑧ 追肥として OK-F-1を 40kgずつ 2〜3回
⑨ 苦土石灰：全面 50kg、溝に 100kg

ハウス抑制栽培

全面散布の施肥例：
10a 当たり 5〜6t 目標収量
① 堆肥：基肥 1,500kg
② 苦土石灰：基肥 100kg
③ トマト専用：基肥 40kg
④ 有機カリ：基肥 60kg
⑤ 溶リン：基肥 30kg
⑥ リン硝安カリまたは液肥：追肥として 20kgを 3回

全面と溝施肥の例：
10a 当たり 10〜15t 目標収量
① 堆肥：全面、溝ともに 1,000kg
② ピートモス：全面 30袋、溝 70袋
③ ナタネ油かす：全面50kg、溝 100kg、
④ IB化成：全面 20kg、溝 20kg
⑤ ロング 100、140：溝にそれぞれ 50kg
⑥ 過リン酸石灰：全面、溝にそれぞれ50kg
⑦ 有機カリ：全面 30kg、溝に 60kg
⑧ リン硝安カリ：追肥として 60kgを 3回
⑨ OKF-1：追肥として 60kgを 3回
⑩ 苦土石灰：全面 50kg、溝 70kg

夏秋雨よけ栽培　全面散布の施肥例：10a 当たり 6〜8 t 目標収穫

① 完熟堆肥：基肥 2,000kg
② 苦土石灰：基肥 100kg
③ CDU化成（15:15:15）：基肥 60kg
④ 苦土重焼リン：基肥 20kg
⑤ 有機カリ：基肥 60kg
⑥ リン硝安カリ：追肥として 20kgを 4回

促成ファースト型栽培　10a 当たり 10〜12 t の目標収量

① 堆肥：全面基肥 1,000kg、溝 1,000kg
② ピートモス（1袋50ℓ入り）：全面 30袋、溝 70袋
③ エスカ有機：全面150kg、溝 300kg月に 150kgを 2〜3回追肥
④ IB化成：全面、溝とも 50kg
⑤ ロング 100 と 140：溝に 50kgずつ
⑥ 有機カリ：全面、溝ともに 60kg
⑦ 苦土石灰：溝に 50kg

定植後の管理

（1）水分管理

　根系の発達を促進させるため、苗が萎れない程度に少量の灌水を行う。また、灌水の目安は朝の葉水の有無や株元の乾き具合で調節する。原則的には土壌が乾燥したら灌水を行うようにすること。

（2）肥培管理

　基肥量などで異なるが、第1回目の追肥は第1花房収穫時期に行う。

（3）温度管理

　トマトの生育適温は22～25℃といわれ、栽培適温は昼温23～25℃、夜温15～18℃といわれている。作型により管理法は異なるが、特にハウス栽培では、定植期から換気を十分に行い昼と夜の温度を極力適正に保つ必要がある。基本的には昼夜の温度較差を大きくして果実の肥大を促進するようにつとめることが重要である。

（4）二酸化炭素（CO_2）施用

　冬の温室外の気温が低い地域では、ハウスの気密性が高く二酸化炭素が不足しやすいため、第1花房が開花、果実が肥大する頃から日の出後2～3時間、1000ppmを基本としてハウス全体に平均的に施用する。ハウスを密閉する10月～4月までとし、春以降は施用時間を短縮する。

（5）着果ホルモンの散布

　経済栽培は、栽培期間を通して着果ホルモンを花房に散布し、結実率を安定させる必要がある。5～9月の高温期は、トマトトーンの100倍液にジベレリン5～10ppmを混合して散布する。10～4月はトマトトーンの単用を行う。処理方法は、各花房の2～3花が開花した時に、花房当たり0.3～0.5mL程度を正面から散布する。マルハナバチを利用する場合、花器官の発達が十分な時期でのみ利用することが重要である。

第2章 トマトの栽培

整枝法

トマト栽培の整枝法は各作型に応じて、つる下し整枝法、斜め誘引法、主枝1本直立仕立て法、主枝1本直立Uターン仕立て法、主枝2本仕立て法、連続摘心法などがある。

つる下し整枝法

トマトの長期栽培では、主枝の長さは4〜5m、花房数も12〜20花房となる。ハウスの地表面から二重カーテンまでの高さは約2mなので、果実を収穫した後、葉を摘除して上段花房を利用するために、「つる下し」作業を行い、果実数を確保しようとする。

葉の摘除に時間がかかること、作業中に果実を脱離させたり枝を傷める欠点があるので注意する必要がある。摘心はしない。

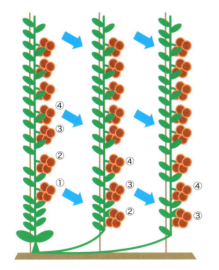

①を収穫し、別の支柱へつるを誘引する

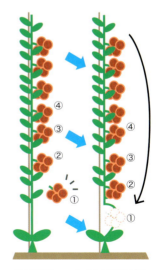

①を収穫後、つるを下ろす（同じ支柱）

斜め誘引整枝法

　ハウスでの長期栽培に適した方法で比較的簡便で利用しやすい方法である。トマトの生育に合わせて花房を東向きに揃え、花房が地面につかないように誘引する。

　その際には、第3花房までは原則として株ごとに竹や鋼管の支柱を立てるが、第4花房以上の主枝は20～30度の角度をつけて隣の支柱に誘引する。

　この方法は、茎葉が過繁茂になりやすく、茎葉が重なっている部分での果実肥大が劣る傾向がある。そこで、採光性をよくするために適度な摘葉が必要である。摘心はしない。

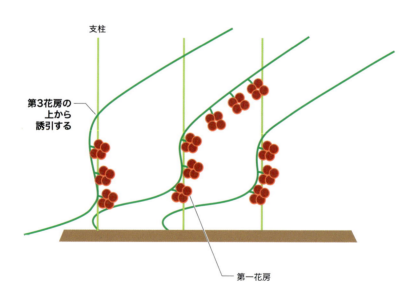

第2章 トマトの栽培

主枝1本直立仕立て法

定植後、茎葉の生長が進むにつれて各葉の付け根の葉わきから、わき芽（側枝）が発生する。放置すると茎葉が重なって採光性が低下し、果実への養水分の転流が抑制され、茎葉の過繁茂による病害の発生も多くなる。よって、生食用トマトの栽培では腋芽は摘除し、支柱に誘引テープなどを利用して茎を直立させる。

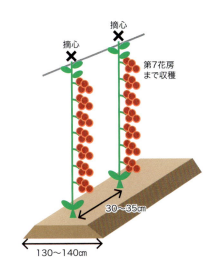

主枝1本直立Uターン仕立て法

主枝が支柱の頂点に達するまでは直立仕立てを行う。主枝が頂点に達した時点で、主枝を半回転させて横に倒し徐々に下垂させる。以降、茎頂部が地表面に到達するまで下垂させる。その間、古い葉は収穫花房の下5枚を残して摘葉し採光性を高める。

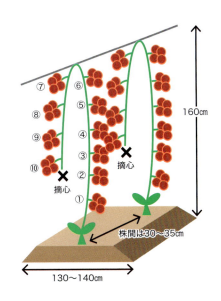

主枝2本仕立て法（2本仕立て）

　定植本数、育苗数や育苗床を半減させることができる。方法には第1花房直下の生育旺盛なわき芽を伸ばして利用し、これらの2本の主枝を直立に誘引する方法と、育苗時の本葉3～5枚展開時に茎頂部を摘心して、生育の揃った2本の主枝を伸ばして利用する方法の2つがある。後者の場合は、本葉5枚時に摘心を行うため、前者よりも収穫開始時期が遅れるが、生育程度の揃った主枝を使うことができるので栽培管理が比較的容易である。

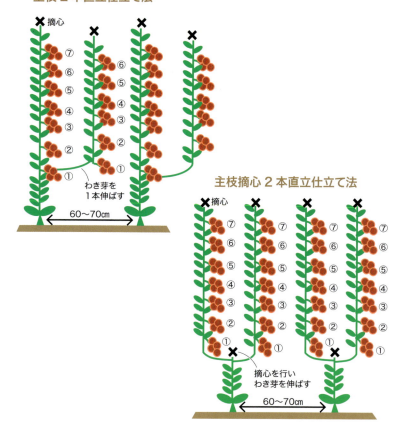

連続摘心法

　着果数を多くし、採光性を高める目的で開発された方法である。主枝はあらかじめ第2花房の上の2枚を残して摘心し、第1花房の直下の強い側枝を伸ばして第3〜5花房までつける。その上の葉を2枚残して摘心してさらに第3花房直下の側枝を伸ばす。

　このようにして、2〜3花房をつけて、次々と摘心をくり返し、着果する枝を確保していく方法である。

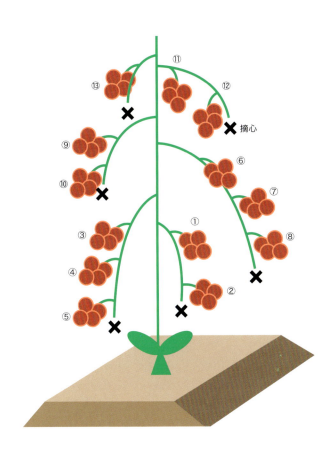

露地栽培

高冷地や準高冷地で優れた作型へ

露地栽培は、それぞれの地域で晩霜の危険がなくなった時期に定植し、栽培する作型である。各地域の自然条件を生かして栽培し、土地の生産性を高め、労力配分を効率よく行うことができる。

露地栽培の場合、暖地や平坦地では平均気温が25℃以上になり、花粉不稔となり着果率が低下しやすく、降雨量が多い地域では雨による果実の肥大生長の抑制や裂果の被害が多い。その結果、果実の肥大、成熟への影響が顕著に出やすく、食味や外観が劣ることになる。また、6月の梅雨期や夏から秋にかけての台風などに遭遇する時期には、収穫量や品質が低下しやすい。したがって、日本の暖地や平坦地における露地栽培は、ハウス栽培の進歩により減少傾向にある。

その一方で、高冷地や準高冷地では、梅雨や高温などの影響が少なく気象条件による着果不良、果実の発達抑制や裂果が少なく、9月からの収穫量や果実品質の低下も少ないため、8月から10月に出荷する夏秋

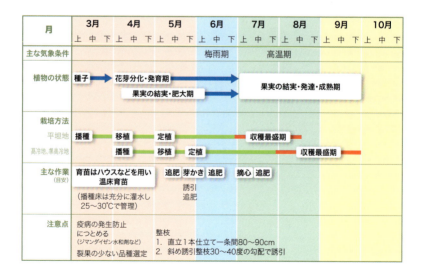

トマトの供給地としての条件を十分に備えているといえる。したがって、トマトの露地栽培は高冷地や準高冷地における「夏秋雨よけトマト」としての作型として優れているといえる。

近年の異常気象への対策

近年、6月の梅雨や9月の長雨など、収穫期の天候不順により裂果などが発生しやすいという問題が起こっている。その対策として、資材を用いて雨よけ栽培を行う他、あるいはこれよりも早い作型へと移行する方法などが挙げられる。

品種の選び方

自然条件を生かして栽培するため、この作型に用いられている品種数は非常に多く、基本的にはどのような品種でも用いることが可能である。近年、露地栽培を行うトマトは、
1. 食味が優れること
2. 栽培時期が夏季なので病害虫抵抗性を複合的に保有すること
3. 裂果が少ないこと
4. 着果率が優れること

などが条件となっている。'サターン'（タキイ種苗）などの他、現在は食味を向上する目的としていわゆる「完熟系品種」を用いる場合が多く、'桃太郎系品種'（タキイ種苗）、'麗容'、'麗夏'、'りんか409'（以上、サカタのタネ）、'招福パワー'（カネコ種苗）、'みそら'（みかど協和）などが用いられる。

播種

播種床には有機物と土が等量に混ざったリン酸が多く、窒素とカリは少なめの用土を用いる。種子は10a当たり60mLを用意し、育苗箱に6〜10cm間隔に深さ約5mmの溝を作り1cm程度離して播種する。発芽までの温度は25〜28℃で管理する。

接ぎ木

露地栽培は、高温多湿条件下での栽培になるため、青枯病の被害が大きい。青枯病抵抗性台木の'Bバリア'（Tm-2^{a}型、タキイ種苗）、'がんばる根'（Tm-2^{a}型、愛三種苗）、'ジョイント'（Tm-2^{a}型、サカタのタネ）、'足じまんSS'（Tm-2型、みかど協和）などに接ぎ木栽培をする。また、地温上昇防止効果の大きいマルチを利用して、発生予防につとめることも重要である。

施肥

露地栽培はトマトの生育期間が長く肥料の吸収も多い。果実を1 t生産するためには窒素3kg、リン酸1kg、カリ5kg、カルシウム4kgが必要とされている。実際の施肥量は作型により異なるが、10a当たり窒素、リン酸、カリともに20～40kg程度である。苦土石灰を全層に、基肥も全層に深い穴を掘って施す。なお、追肥は数回に分けて施肥する。

育苗と定植

育苗には露地で行う場合と、育苗初期をハウス、後期を露地で行う場合があるが、近年では育苗の省力化、苗の質向上や安定化のためにハウスを利用するケースが多い。播種から約60～70日で定植となる。温暖地では5月上旬、準高冷地では5月中旬、高冷地では5月下旬が定植適期である。栽培を予定している圃場では、連作や病害虫の発生を避けるなど、定植の準備を行う。

気象条件と栽培管理

定植時に低温条件になると、根の活着が抑制され第1花房が着果不良となり、栄養生長に偏って収量が減少するため、果実の成熟が遅れる。この傾向は高冷地ほど影響を受けやすいので注意が必要である。また、梅雨期の降雨と日照不足は、すじ腐れ果などの生理障害果や病害虫の発生を促進し、9月の長雨は裂果が発生しやすくなる。

したがって、栄養生長に偏っている場合には、追肥時期を遅らせ施肥量を少なくする、生育の早い段階で着果ホルモン剤の散布、晴天時には程度に合わせて葉先の摘葉を行い、栄養生長と生殖生長のバランスを整えるようにする必要がある。

また、夏季の草勢低下は収量減収の要因となることが多いので、梅雨明け以降の栄養生長を促進させることも重要である。

芽かきと整枝法

わき芽の発生が多いので、生育初期段階で摘除を早めに行う必要がある。誘引はひもや支柱を用いること。支柱は植え床の条間80〜90cmとし、直立1本仕立てや斜め誘引整枝を行う。斜め誘引整枝を行う場合、30〜45度の角度で誘引する。いずれも各花房は通路側に出るようにする。また、収穫目標の花房が開花したら、その花房の上に2〜3枚の葉を残して摘心する。

露地栽培に多い裂果の発生の仕組みと、その対策

露地栽培は直射日光を受けやすく、果実に小さな亀裂が生じる裂果が問題となる。原因として、果実が発育して肥大生長期になると、果皮は硬化してコルク化が促進される。その際、自然条件下での栽培となるため降雨や土壌水分が多い場合、急激に水分が吸収され、亀裂部分から果皮が裂開してしまう。

予防として、果実が直射日光に当たらないよう定植時に花房を支柱の位置側に向けて植える、あるいは果実発育の緑熟期からの水分量を制限するなどが挙げられる。裂果抵抗性のある品種(主に完熟系品種)を用いるのも有効である。

露地栽培における、加工用トマト栽培

　現在、トマトの栽培はアメリカやイタリアで多く、これらの国々では生食用品種に加えてジュース、ペースト、ピューレ、ケチャップ、缶詰などの加工原料としての消費も非常に多い。

　加工用トマトの歴史は、1804年にフランスのニコラ・アペールが缶詰の製法原理を発見したことから始まり、イタリアでは1811年にフィリッポ・リーがトマトの加工を最初に記録している。1875年にはフランシスコ・シリオがイタリア・トリノで農村救済事業の一環としてトマトの加工に本格的に取り組んだ。現在、イタリアはアメリカに次いでトマト加工の主要生産国になっている。

　ところで、アメリカにおけるトマトの生産コストが著しく低いのは、トマトの栽培において最も多くの労力を必要とする収穫作業を機械化したことが原因であると考えられる。

　機械で収穫できるトマトの品種改良はどのようにして行われたのであろうか？

海外での圃場作りのようす

アメリカにおける機械収穫用トマトの育成

　機械収穫用トマトの品種育成は、以下を重点にして始められた。

１．草丈を低くしたわい性の品種を育成すること

　普通のトマト品種は2m以上の草丈となる。このため支柱を立てて茎を固定し、倒伏を防ぐ。トマト栽培では支柱を立てたり、取り除く労力が大きく、支柱があると機械収穫ができない。そこで、支柱を立てないで栽培する方法、すなわち無支柱栽培が必要であった。わい性といっても茎が十分に太く、茎葉がよく繁茂し、果実を多くつける系統を見つけることから始まった。

2．均一な成熟性を持つこと

赤く熟した果実や緑色で未熟な果実が混在していると加工製品の商品価値が低下する。そこで心止まり性の性質をもつトマトが利用された。

トマトの果実のつき方は、本葉が7～8枚形成された後に、第1果房がつき、その後は3、4枚の葉が出て、次の果房がついていく。一見すると、1本の茎の上に次々に果房がついているようである。心止まり性は、頂端部のわき芽の伸長が起こらない性質なので、その下のわき芽が伸長してその先端に次々と果房をつける。そのため一度心止まりとなれば草丈が一定の高さで止まるばかりでなく、その下のわき芽から伸びた枝に多くの果房をつけるので草丈が低く制限されて、大量の果実を得ることができる。また、果実が一斉に熟す性質があり、茎の先端部に果実があるので収穫しやすい。

3．果実の脱離性が優れること

普通のトマトは、果実をつけている果柄に離層が形成され、ここから脱離する。しかし、加工用トマトは「へた」が混入すると腐りやすく、色が悪くなって商品価値が低下する。つまり、へたは不要なのである。そこで、成熟した果実のみが脱離するように、果柄に離層ができないジョイントレス形質を保有するトマトを使い、成熟した果実のみがへたとの間で離層を作って取れるようにしている。

4．果実の破損耐性

トマトは薄い果皮と多汁質のやわらかい果肉から構成されている。したがって、少しの衝撃でも果実が破損しやすい。そこで、機械収穫に向くように衝撃に強い品種の育成が行われ、'レッドトップ'という品種が機械収穫用品種の重要な親となった。

5．果実の大きさと脱離性

果実が小さいほど、衝撃に対する損傷は少なくてすむが、収量が少なく脱離性が大きいため、果実量を多く必要とする加工用栽培では大きな問題となる。果実の形状でみると、円形果実よりも細長形果実の方が機械収穫に向いていた。'レッドトップ'や'サンマザ

果柄に離層を持つ品種。果柄の途中に離層ができるため、果柄の一部とへたをつけたまま収穫する。

果柄に離層を形成しない品種。果柄に離層が形成されないため、果実のみを収穫することができる。

ノ'などの細長い果実は、果実の単位面積当たりにかかる荷重が円形品種よりも小さい上に、果実の重心が果実の付け根から離れているので果実の脱離性がよく、果実の損傷も少なかった。そこで、機械収穫に向く品種は、'ハーディンスミニアテュア'と'レッドトップ'との交雑で育成することができた（ハンナ、1977年）。

このように、アメリカでは1940年代から約20年かけて機械収穫用のトマトを育成した。この品種は、わい性で無支柱栽培を可能にし、心止まり性で果実の成熟期が揃い、果実の小型化、細長化、硬質化によって果実の破損を防ぐように改良され、さらに果実の脱離性を備えていた。

日本における加工・調理用トマトの栽培

日本では、加工用トマトは主にジュース用として無支柱で露地栽培されている。この性質はアメリカの品種と同様で、わい性と心止まり性をもち、果実の熟期が一斉に揃い、熟した際に果実のみが脱離するジョイントレス形質をもっている。生産地は、長野県、福島県、茨城県、栃木県、群馬県、愛知県など東北、関東、東海、甲信越地方に集中している。これは、果実の収穫期に雨が少ないこと、生産地が加工工場の周辺に限定されているためである。

日本の加工用品種は、梅雨の時期に高温多湿となることから、無支柱栽培する場合には次のような条件が必要となる。
1．土壌病害などの耐病性を持つこと
2．果皮が硬くて完熟しても次の果実が成熟すまで待ってくれるような、畑で腐りにくい品種（圃場抵抗性）であること
3．ジュース専用品種なので栄養価が高く、ジューシーで酸味が強い品種（グルタミン酸やビタミンC、クエン酸が豊富に含まれること）、さらに、最近の健康志向の高さから抗酸化作用の強いリコペンやβ-カロテン含有量が多いこと、そのような遺伝子を導入していること（high pigmentation, hp、old gold crimson, og^c など）

また、この他にも全労働の70%を収穫作業が占めるので、省力化が必要となる。そのため、果柄に離層が形成されず（ジョイントレス形質）、果実のみがへたから脱離するように育成されたものが多い。

しかし加工用トマトの栽培は、加工会社との契約栽培がほとんど中心となるため、品種の選択は加工会社による。

その一方、1990年に野菜茶業試験場で育成された'なつのこま'はジュース向けの加工用品種で、ジョイントレス形質が導入され、果実の圃場での抵抗性、開花集中性による一斉収穫が可能な品種である。アメリカのように平地が少ない日本では、株ごと抜いて株を手で振って果実の一挙収穫ができる品種として育成された。

最近、イタリア料理ブームにより加熱調理に向く品種が求められているが、'なつのこま'をはじめとした「調理用トマト」は今後、一般家庭ににも栽培、普及されつつある。ティオ・クック、クックゴールド（タキイ種苗）、エスクック・トール（サカタのタネ）などが発売されている。

夏秋雨よけ栽培

パイプハウスなどを用いて山間地や寒冷地で普及

　長野県や岐阜県などの山間高冷地を中心に始まった作型である。山間地、準高冷地、寒冷地では以前は抑制栽培が中心であったが、降雨や気温の変化が大きく生育が不安定になり、果実の裂果などによる品質の低下が問題であった。これらの問題を解決するため簡単な雨よけができるパイプハウスでトマトを被覆し、病害虫の発生を抑えて品質を高める作型が夏秋雨よけ栽培である。

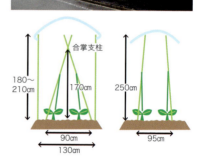

簡易雨よけ施設の例

栽培の成立条件・留意点

　夏秋雨よけ栽培は、播種から定植までの育苗期間が2～3月の低温

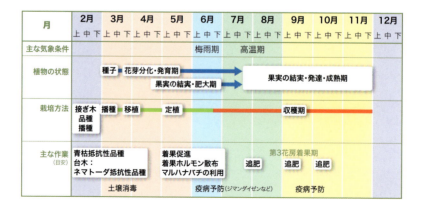

期なので、花芽分化とその後の発育に影響が出やすい。その結果、下段の花房には低温による乱形果が発生しやすい。また、5月からは温度上昇時期となりハウス内で定植を行うため、定植後から茎葉の生育が旺盛になりやすい。収穫開始となる6月からは高温乾燥期になり、花粉不稔や着果障害などの高温障害が発生しやすいため、ハウスの換気を行って栽培環境を良好に保つことが重要である。栽培後半となる10～11月は温度が低くなる時期なので、株が衰えて病害虫の発生が多くなり、生理障害も多く品質が低下しやすいため、病害の発生を抑える環境作りも必要である。

品種の選び方

自然条件を生かして栽培をするため、以下の条件が求められる。
1. 食味が優れること
2. 輸送性や日持ち性が優れること
3. 栽培が容易で各種の耐病性を保有すること
4. 着果性が優れること

ただし、栽培管理を適切に行うことが重要である。現在では、食味を向上する目的として「完熟系品種」を用いる場合が多く、'桃太郎'系の品種（タキイ種苗）、'麗容'、'麗夏'、'りんか409'（以上、サカタのタネ）、'招福パワー'（カネコ種苗）などが用いられる。

播種

播種床には有機物と土が等量に混ざったリン酸が多く、窒素やカリが少なめの用土を用いる。播種時期は2月上旬から2月下旬、無接ぎ木栽培では3月上旬とする。接ぎ木栽培では台木は穂よりも5～7日早く播種を行う。種子は条間6cm、種子間隔は1～1.5cmとし、発芽までは温床育苗となる。発芽までは25～30℃、発芽揃い期から鉢上げまでは23～25℃、定植時期では10～15℃で管理する。低温では変形果の発生を招くので、育苗後期の昼/夜温度の平均気温は15℃以上

を保つことが重要である。

また、施肥は、露地栽培に準じて行う（露地栽培の項を参照）。

接ぎ木

　土壌伝染性の病害予防として、病害に抵抗性を持つ台木に接ぎ木を行う。青枯病やネコブセンチュウなどの被害が大きいため、'がんばる根11'（Tm-2^{a}型、愛三種苗）、'スパイク'（Tm-2^{a}型、愛三種苗）、'Bバリア'（Tm-2^{a}型、タキイ種苗）、'足じまんSS'（Tm-2型、みかど協和）などの台木は実用性が高い。

育苗と定植

　育苗はハウス内で育苗し、低温が続く場合は必要に応じて電熱などを用いた温床育苗を行う。定植時期は播種から約60〜70日で、温暖地では5月上旬、準寒冷地では5月中旬、高冷地では5月下旬が定植適期となる。定植苗は無接ぎ木苗の場合、第1花房が開花直前の8〜9葉、接ぎ木苗の場合は第1花房の第1花が開花した苗を用いる。株間は35〜40cmとする。

気象条件と栽培管理

　定植時は夜温の低い地域が多く、変形果の発生が多くなるので、午前中は25〜27℃、午後は23〜25℃、夜温は10〜15℃を確保するように栽培することが重要である。

芽かきと整枝法

　ハウス内の限られた空間で栽培を行うため整枝法に工夫が必要である。通常は第10〜15花房を収穫するので、直立Uターン整枝法が適している。直立Uターン整枝法は、第6花房までテープ誘引で直立に整枝し、高さ1.6mの誘引線まで伸ばし、第7花房以上を誘引線に引っ掛けて反対方向に下垂させる方法である。各花房を東向きにし、採光条

件をよくすることが重要となる。Uターン整枝法ができない場合、斜め誘引整枝法で花房数を確保するようにする。斜め誘引整枝法は、支柱は竹や鋼管などを利用し、支柱をトマト1株ごとに立てる。各花房を東向きにし、はじめの誘引は隣の下部の位置で、第1花房が地面に触れないように結束する。そのまま第3花房までは支柱に誘引し、第4花房以降は20～30度の角度で隣の支柱に誘引を続ける。摘葉は収穫が終わった果房の下を2～3葉残して行う。収穫目標の花房が開花したら、その花房の上に2～3枚の葉を残して摘心し、栽培終了まで続ける。

生理障害

窒素過多による過繁茂やビニルの汚れなどによって、ハウス内の光量が不足気味となり、夏季は高温になりやすく、空洞果、すじ腐れ果、心腐れ果や異常茎が発生しやすい。したがって、採光条件をよくするため適度に摘葉を行い、潅水を少量に控えて茎葉が過繁茂にならないよう栽培管理を行うこと。また、ハウス内の温度は30℃以上にならないよう適切に保つ必要がある。空洞果の発生予防には、ホルモン処理を適正な濃度で行うことも重要である他、裂果の発生が問題となる（発生予防は露地栽培の項を参照）。

病害とその予防・防除

連作を行うため特に青枯病の被害が大きい。防除法としては適切な温度管理につとめ、地温が30℃以上にならないようにすること。その場合、敷きワラやマルチの使用も有効で、青枯病抵抗性品種を台木とする接ぎ木による栽培も効果的である。6月の梅雨時期や、9月の秋の長雨の時期には疫病が発生しやすいので、長雨の年にはあらかじめジマンダイゼン水和剤、ダコニール水和剤などの薬剤を7～10日おきに散布して発生の予防につとめることも重要である。

早熟栽培

ビニルトンネルを用いて初期生育を促進する露地栽培

露地栽培の生育初期にビニルトンネルなどで植物体を覆って、トマトの初期生育を促し、定植時期を20〜30日早めて6〜7月に収穫する作型である。施設栽培とは異なり、栽培を予定している圃場を毎年自由に変えることができるので、連作障害や病害虫の蔓延を予防することができる。露地栽培に比べてビニルトンネルなどの資材費がかかるが、露地栽培よりも早期に出荷でき、収穫期間を延長することによって収量を多く確保することができる。

品種の選び方

トンネル早熟栽培に適する品種の条件は、各種の病害虫に抵抗性を持つことが条件となる。'桃太郎'（タキイ種苗）、'麗夏'（サカタのタネ）などが用いられる。

播種と育苗

圃場は露地栽培に準じて土壌消毒を行う。低温、弱光期に播種・育苗を行うので温床育苗を行う。定植は第1花房の第1花が開花直前の苗を使用。株間は40cmと定植後も十分に潅水を行う。

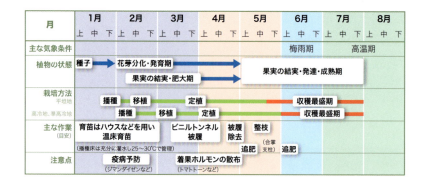

定植後の管理

　定植後、夜温が10℃以上になるように保温マットなどで保温する。昼温度は25〜30℃で管理し、30℃以上にならないようトンネルの開閉管理を行う。トンネルは晩霜の心配がない時期、夜温が10℃以上になった時期に取り除き、支柱仕立てと誘引を行う。仕立て法は直立1本仕立て、斜め誘引仕立て、合掌仕立てを用いる。強風の影響を受けやすい場合は合掌仕立てが適する。長段取り栽培や支柱を高くできない場合は斜め誘引整枝を行い、植物体の採光性を調整し、日焼け果の発生を軽減することができる。誘引作業後に第1回目の追肥を行い、以降は1ヵ月に1回の割合で収穫1ヵ月前まで施す。露地栽培なので潅水量は確保されるが、必要に応じて圃場表面が乾燥しない程度に潅水を行う。定植後、第1花房が開花するので100倍のトマトトーン液に5〜10ppmのジベレリン溶液を混合して散布することで収量が確保できる。

早熟栽培における生理障害および病害とその予防

　露地栽培と同様に注意が必要である。育苗期が低温で温度管理に不備があると変形果が生じやすい。トンネル早熟栽培は、収穫時期が梅雨期と重なるため、果実のがく片周辺部に同心円状、放射状の裂果が目立つが、裂果に強い品種を選び、深耕栽培、施肥で水分変化の影響を受けにくくして発生を抑えることができる。また、降雨の影響を受けやすく疫病の発生も多い。定植後は7日おきにオーソサイド水和剤を散布して予防につとめる。

　その他、モザイク病（ToMV）は抵抗性品種を用いるとともに、アブラムシの活動が活発になる6月頃から発生が見られるので、アブラムシの発生防除につとめることが重要である。青枯病やサツマイモネコブセンチュウは、土壌消毒を行うと同時に、抵抗性品種を台木に用いる。抵抗性台木の'がんばる根'（Tm-2^a型、愛三種苗）、'サポート'（Tm-2^a型、サカタのタネ）、'Bバリア'（Tm-2^a型、タキイ種苗）、'助っ人'（Tm-2^a型、カネコ種苗）等を利用する。

促成栽培（長期）

ハウスを使って冬から春にかけて収穫

　ビニルハウスなどの施設で栽培を行い、高品質なトマトを生産する作型で、長期栽培と短期栽培に分けられる。長期促成栽培は7～8月の夏季に播種して12月から翌年の7月まで栽培を続け、1株当たり15～20花房を利用、1作で2作分の収量を目標とする作型である。

　一方、短期促成栽培は「ファースト型」の品種を栽培するもので、7～8月に播種して11月から翌年3月にかけて第4～6花房の低段で収量を確保し、商品性の優れた高品質トマトを栽培する作型である（短期促成栽培の詳細はp.58を参照）。いずれの作型も収穫や出荷労力はほとんどが冬季に集中するため、生産のための暖房燃料や資材費がかかるが、労力の有効利用につながること、出荷量の少ない冬季に出荷できるので高値で取り引きされる有利性がある。

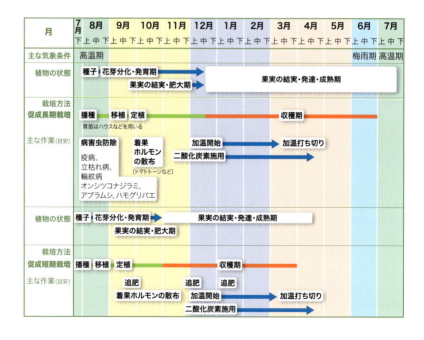

第 2 章 トマトの栽培

栽培に適する地域

低温で日射量が減少する秋季から冬季は、強光条件下で生育に適するトマトにとって栽培環境は不利である。晩秋の 11 月から初春の 2 月にかけて晴天が続き、日射量が多い南東北以南の太平洋側（愛知県、栃木県、千葉県）や九州の温暖地が栽培に適する。

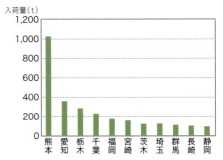

平成 27 年度冬春トマトの生産量（県別）
（農林水産省野菜生産出荷統計 2015 年）

品種の選び方

促成栽培に適する品種は、日射量が露地栽培の半分以下でも光合成能力が高く、弱光や低温条件下でも果実の肥大・生長が優れること、長期間に渡って生育を安定させるために耐暑性、耐寒性、各種の病害虫に抵抗性を持つことが条件となる。まず、弱い光であっても植物の下方にまで光が行き渡るようにするため、細葉で葉幅が狭く、小葉間に隙間が多く、葉の面積が減少する分、葉肉が厚く弱い光でも光合成能力を高くして日照不足が補える品種が望ましい。また、低温下では節間が短くなる傾向にあるが、葉同士が重なり合って過繁茂になると植物体下部への光の透過性が弱くなり病害が発生しやすくなるため、低温下でも茎の伸長率が高い品種が適している。

施設内での長期栽培は、様々な病害虫の影響を受けやすく、特定の病害が発生しやすい。そのため、耐病性は複合抵抗性を持つ品種が多く育成されている。'ハウス桃太郎'、'桃太郎はるか'、'桃太郎ピース'（以上、タキイ種苗）、'麗容'（サカタのタネ）などが用いられる。

播種と育苗

播種から発芽、鉢上げ、定植期までの温度はそれぞれ昼温を24〜25℃、夜温を15〜20℃となるようにし、十分に換気を行う必要がある。播種期は7〜8月の高温期で、養水分の吸収が多く茎葉が生育旺盛となり過繁茂になりやすいので、水分管理には十分に注意し、育苗期は鉢ごとに灌水を行い、徒長した苗にならないようにする。

播種床は、立枯れ病予防のためにTPN水和剤などを散布しておくとよい。また、疫病、斑点病、輪紋病、立枯れ病などの予防にも十分注意する。促成栽培は8月から翌年7月まで約11ヵ月に渡る長期栽培なので、各種の病害抵抗性品種を用いるか、抵抗性台木を用いるのが有効である。青枯れ病には台木として'がんばる根3号'($Tm-2^a$型、愛三種苗)、'スパイク'($Tm-2^a$型、愛三種苗)、'Bバリア'($Tm-2^a$型、タキイ種苗)、'ガードナー'($Tm-2^a$型、タキイ種苗)、'キャディ1号'($Tm-2^a$型、トキタ種苗)などを利用する。

また、トマトモザイクウイルス(ToMV)を媒介するアブラムシ、ハモグリバエ、オンシツコナジラミ、トマト黄化葉巻き病の原因となるトマト黄化葉巻ウイルス(TYLCV)を媒介するタバココナジラミ、アザミウマ、ネコブセンチュウなど様々な病害虫が発生するので、育苗は風通しのよい防虫網を張った環境を作りが重要となる。

定植

ハウスの被覆材は採光性がよく、湿度は低めで保湿性の優れるアクリルやガラス、硬質フィルムの利用効率が高い。ビニルハウスの場合、2年目以降は汚れを落として採光性の優れるものを利用する。ポリオレフィンフィルムは散乱光が発生するので光合成面積の拡大に有効である。ハウス内土壌は、特定の病害虫により影響を受ける発生

ビニルハウスの場合、採光性が重要となる。

源となるので、1作ごとに消毒する必要がある。土壌は排水性に優れ、有機質の多い土作りを行うことによって物理性・化学性を維持することが可能である。定植苗は、第1花房の第1番花が開花したものを定植する。株間は35〜40cm程度とする。

定植後の管理

定植後20日まで、日中は萎れないよう少量の潅水を行う。潅水量が多いと茎葉が徒長するので潅水は極力控え、根域の発達を促進させることが重要である。第1花房の収穫期頃（第3花房開花期頃）に追肥を行う。特に、定植期が8〜9月で高温期、1〜2月は低温期になるので、それぞれの温度に対した温度管理が重要となる。30℃以上の高温、15℃以下の低温では受粉・受精能力が低下して着果不良となる。着果数を確保するため、5〜9月の高温期はトマトトーン100倍液にジベレリン5〜10ppmを混ぜて散布し、低温期の夜温は最低10℃程度を確保する必要がある。そのため、暖房期間中のハウス内温度は、昼温/夜温＝25℃/10℃程度とし、茎を太く、節間は短く、複葉は小さめで葉色の濃い植物体に育てる。

また冬季は外気温が低くハウスの気密性が高いので、ハウス内のCO_2濃度が低くなりやすいため、日没後2〜3時間にハウス内でホースを使って1000ppmを基準としてCO_2を施す。施用期間はハウスを密閉しはじめる10月から解放する4月まで施用するとよい。

整枝法

つる下ろし整枝法と斜め誘引整枝法がある。栽培が終わる7月には茎の長さは4〜5mに達し、花房数は15〜20cmになる。ハウスの地表面から2重カーテンまでの高さは約2mなので、1回につき20〜30cm程度でつる下ろし作業を行う。つる下ろし作業を行った茎は摘葉するので、葉のない茎が植え床上に並ぶようになる。果実への着色を促進するために日当たりをよくすることも重要である。

長期促成栽培に特徴的な生理障害と病害

　長期に渡って外界の環境を断ち切った状態での栽培になるため、次のような特定の生理障害や病害が発生しやすく、これらは長年に渡ってハウス内で蔓延しやすいので、十分な管理が必要となる。

異常茎

　生育が過繁茂になると発生しやすい。促成栽培は夏季に定植をするためこの症状が出やすい。発生しにくい品種を選び、老化苗を使い、基礎肥料を抑えて初期生育を抑える栽培を行い対策する必要がある。

尻腐れ果

　促成栽培では8〜9月の高温期に多く発生する。防止対策としては、土壌に十分な石灰を与えること、水分不足を防ぐことである。発生しやすい時には、各花房の果実肥大時に0.5％の塩化カルシウムを葉面散布する。

苦土欠乏

　苦土石灰が少ない場合やカリが多い時、あるいは低温が続くと生じやすい。苦土肥料が不足しないよう注意し、症状が進んだ場合は1〜2％の硫酸マグネシウム液を葉面散布する。

灰色かび病

　ハウス栽培は暖房の気密性を保つため、内張りのカーテンを張るが、低い晩秋の11月〜翌年初春の5月までは外気温とハウス内気温が異なって結露し、ハウス内は過湿となりやすい。そのため、特に11月〜翌年5月の長期にわたって発生しやすい。防除法としては、枯れ始めた花冠や葉を除く他、発生前の11月上旬からトップジンMなどで予防につとめる。

灰色かび病の症例

第 2 章 トマトの栽培

トマトモザイクウイルスによるモザイク病（ToMV）

　媒介昆虫のアブラムシ類の寄生を防ぐ他、ToMV 抵抗性遺伝子を持つ品種を使い予防する。ToMV には 4 種のストレイン（系統、0、1、2、1.2）があり、それぞれに対して抵抗性遺伝子が 3 つ（Tm-1、Tm-2 および Tm-2^a）ある。現在、最も免疫に近く販売数も多い Tm-2^a を持つ抵抗性品種を用いるのが望ましい。接ぎ木栽培する場合、穂木と台木が ToMV に対して同じ抵抗性遺伝子を持つものを組み合わせるようにする。

黄化葉巻病（TYLCV）

　防除法としては、媒介昆虫のタバココナジラミの寄生を防ぐこと（ハウス内に入れない、出さない、増やさないと呼んでいる）が重要である。また、近年では耐病性品種が多く発売されているので、これらの品種を用いるのも有効であるが、タバココナジラミの寄生を防ぐことが最も効果が大きい。

　ただし、発生ウイルスが「イスラエル系統株」か「マイルド系統株」か見極めて用いることが重要である。

褐色根腐れ病（コルキールート）

　対策としては、土壌消毒する他、抵抗性台木として、'がんばる根クリフ'、'スパイク'、'スパイク 23'（以上いずれも Tm-2^a 型、愛三種苗）、'フレンドシップ'（Tm-2^a 型、サカタのタネ）、'グリーンガード'、'グリーンセーブ'、'ドクター K'（以上いずれも Tm-2^a 型、タキイ種苗）などの抵抗性品種を台木にして、これに接ぎ木をする。

根腐れ萎凋病

　低温期や日照不足時に発生しやすいため、促成栽培ではしばしば問題になる。根が茶褐色となり茎基部の維管束が褐変して黄化する。防除法としては、土壌消毒によって予防につとめる他、抵抗性台木を利用して接ぎ木栽培を行う。'影武者'（Tm-2^a 型、タキイ種苗）、'ブロック'、'ジョイント'（いずれも Tm-2^a 型、サカタのタネ）などを利用する。

根腐れ委凋病の症例

促成栽培（短期）

「ファースト型」品種の栽培

ハウスなどを用いて冬季に品質の優れるトマトを収穫し、夏メロンなどと組み合わせて施設を有効利用する栽培方法である。いわゆる「ファースト型」の品種を栽培する作型で食味や商品性の優れた高品質なトマトを栽培する作型である。

ファーストトマトとは？

愛知県の東三河地方が発祥地と言われている。大正末期に阪神地方で露地栽培されていた'オランダ'あるいは'ビーフハート'の系統か他の品種が自然交雑してできたといわれる。一般に純系ファーストは、'愛知ファースト'とこれから選抜された「中の町系」を示すが、不良環境抵抗性や耐病性がなく栽培しにくい。その後、耐病性、着果性、果実の肥大性、耐低温性等を付与した栽培しやすいF_1ファーストが育成された。糖や酸味が多く食味が優れ、冬季から春季にかけて市場に出回る。

'愛知ファースト'
果頂部が著しく尖り、果実の形状がハート型で、一見してファースト系の品種とわかる

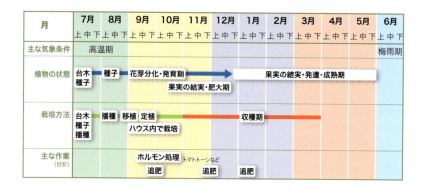

第2章 トマトの栽培

栽培に適する地域は？

冬季の日照時間が多く、加温されたハウスなどで栽培されてきたので日射量が多く最低気温12℃を確保できる地域が栽培に適する。愛知県、静岡県、三重県などの東海地方を中心に生産が多く、アールスメロンの栽培が成り立つ地域でもある。

品種の選び方

ファーストの固定品種は病害の増加によりほとんど普及していない。病害抵抗性（ToMV、根腐れ萎凋病等）を持つ F_1 品種の'スーパーファースト'（愛三種苗）の他、黄化葉巻病への抵抗性品種としてイスラエルマイルド系への耐病性を持つ'TYファースト'（愛三種苗）などがある。

播種と育苗

土壌消毒を用い、接ぎ木栽培は7月から8月上旬、無接ぎ木栽培であれば8月上旬から中旬が播種適期となる。極端に早く播種すると未熟花や乱形果が発生しやすくなる。育苗はハウス内育苗とし、紫外線除去フィルムを用い、側面は寒冷紗などの防虫網を張るなど、ウイルスを媒介する害虫への対策が必要である。また、苗への潅水は均一かつ十分に与えること。育苗期の温度は、昼温／夜温＝25～27℃／15～20℃を目標に、高温にならないように寒冷紗を張り、通気をよくする。苗が本葉4～5枚になった頃に、茎葉が重ならない程度に株間を十分に開ける。

疫病、斑点病、輪紋病は1000倍のジマンダイゼン液を散布する。9月に定植して弱光・低温期に収穫期になるため、病害虫の被害は比較的少ないが、連作圃場で根腐れ萎凋病や褐色根腐れ病が問題となる。抵抗性台木の'スパイク'（Tm-2^{a}型、愛三種苗）、'ジョイント'（Tm-2^{a}型、サカタのタネ）、'Bバリア'（Tm-2^{a}型、タキイ種苗）、'がんばる根3号'（Tm-2^{a}型、愛三種苗）などに接ぎ木を行う。

定植と定植後の管理

　定植前に十分な灌水を行い、株間は 35 〜 40cm とする。定植に用いる苗は、根系を発達させるため、第 1 花房の開花前の 8 〜 9 枚の本葉を展葉した株を用いる。受粉作業の省力化のためにマルハナバチの利用の他、果実数を確保できない場合、補助的に 100 倍のトマトトーンに 5 〜 10ppm のジベレリンを混合して散布する。

　第 1 花房開花期から第 3 花房開花期までは灌水を少量にして茎葉の過繁茂を防ぎ、着果や果実の肥大生長を促進する。第 3 花房開花時期は第 1 花房の果実が肥大する時期なので灌水量を多くする。低温条件下での伸長速度が遅いため、昼温 / 夜温＝ 25℃前後 /15℃とし、夜温は最低 13 〜 15℃を保つようにする。追肥は第 1 花房収穫前後から 15 〜 20 日おきに行う。

　ファースト系の品種は開花数が多く、花器官が複数癒合した「鬼花」の発生も多い。対策としては、第 1 花房は 4 〜 5 果、第 3 花房は 5 〜 6 果を着果させ、残りは摘果する。

整枝法

　主枝 1 本直立仕立て法、主枝 2 本直立仕立て法、主枝 1 本直立 U ターン仕立て法、斜め誘引整枝法がある。斜め誘引整枝法は、冬季などにハウス内が密植状態となった際、採光性を改善するのに適した方法である。主枝 1 本直立整枝法もあるが、植物体の基部への光量不足、先端部への養水分不足が懸念されるので、株全体に光がまんべんなく当たるように仕立てることが重要である。

生理障害および病害

ハウス内を用いるため特定の生理障害や病害虫の発生が懸念される。予防と防除は長期促成栽培に準じて行う必要がある。

異常茎
定植後の土壌水分が多く、窒素過多で過繁茂状態になると、茎頂部が委縮して節間が短くなり、穴があくこともある。窒素過多に気をつけ、苗の初期生長を抑えて売買することが重要である。

尻腐れ果
ファースト系品種は果実の肥大が優れるため特に発生しやすい。苦土石灰が不足しないよう施し、発生した場合は硫酸マグネシウムの1〜2%溶液を7〜10日おきに葉面散布する。苦土欠乏も発生しやすいため予防が必要。

灰色かび病
茎葉、花や果実も発生が多く、暖房を開始する11月から翌年3月頃までは多発しやすい。ハウス内の湿度を低下させ、開花後の茶褐色化した花冠を必ず取り除くことが重要である。トップジンM1000倍、ボトキラー水和剤を散布して予防し、発病が多発した場合はこれらの薬剤を交互に散布する。

トマト黄化葉巻病(TYLCV)
タバココナジラミによって媒介されるので、防虫網を張って侵入を防ぐか、黄色テープによる防除を行う。また、抵抗性品種の利用も効果的である。

褐色根腐れ病(コルキールート)
低温期のハウス栽培では発生しやすい。夜温を適切に管理し、10〜12℃を保つようにする。また、土壌消毒の徹底、抵抗性台木への接ぎ木が重要となる。なお、根腐れ萎凋病も同様に防除を行う。また、ネコブセンチュウ(特にサツマイモネコブセンチュウ)の被害も多い。防除法としては、土壌消毒の徹底、抵抗性品種(台木)を利用する。

褐色根腐れ病の症例

半促成栽培

農業用資材を使って栽培

ハウス等を用いて育苗し、冬には加温する栽培法。農業用ビニルハウスが普及し、暖房機が実用化した昭和30年代後半に確立された作型で、栽培期間全般を通じて温度管理などがしやすく、トマトの草勢管理も比較的平易である。

栽培面積は全国に及び、栽培面積も多い。作柄の個人差が小さく、生育が安定し、収量、品質ともに優れ、価格もあまり高くならないので、栽培面積を拡大する方向に進んでいる。品種の選び方は促成栽培で用いられる品種がほぼ利用できるため、促成栽培と同様となる。

播種と育苗

播種期は10月上旬だが年々早まっている。電熱温床を用いて育苗温度は25～30℃を確保する。種子はかいよう病防除のため55℃で温湯処理をする。播種後は立枯れ病予防のため、1000倍のオーソサイドなどのTPN水和剤を撒く。苗揃いをよくするため、昼夜とも27～28℃を保ち、発芽後は昼温／夜温＝25～28℃／23～25℃とする。疫病、葉かび病、アブラムシ、オンシツコナジラミなどの予防につとめる。

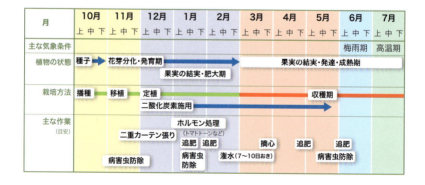

第 2 章　トマトの栽培

定植時の注意点

　土壌病害を防ぐために土壌消毒を徹底する。株間を 30 〜 35cmとし、採光性の高い 1 条植えを行う。定植は苗床で鉢土に十分に潅水をした苗を用いて、植え床へは潅水せず定植する。温度管理は、午前は 25 〜 28℃、午後は 23 〜 25℃で管理し、夜温は生育の前半は 12 〜 13℃、後半は 4 〜 8℃にし、光合成産物の消耗を防ぐようにする。定植後は潅水量を減らして管理し、根域の発達を促進する。

　第 1 位花房のホルモン処理後は、萎れない程度に少量の潅水を行う。ハウスの被覆材は採光性がよく、湿度は低めで保湿性の優れるアクリルやガラス、硬質フィルムの利用効率が高い。ビニルハウスの場合、2 年目以降は汚れを落として採光性の優れるものを利用する。ポリオレフィンフィルムは散乱光が発生するので光合成面積の拡大に有効である。ハウス内土壌は 1 作ごとに消毒する。土壌は排水性がよい有機質の多い土作りを行うことで物理性・化学性を維持することが可能。第 1 花房の第 1 番花が開花したものを定植する。株間は 35 〜 40cm 程度とする。

定植後の管理

　定植期が低温時期なので、苗の初期生育を確実にするため、地温の上昇、除湿を目的にマルチを張る必要がある。定植後 20 日まで、日中は萎れないよう少なめに潅水を行い、根域の発達を促進させる。潅水量が多いと茎葉の徒長が促進されるので注意する。1 月下旬から 2 月にかけては果実の肥大生長に合わせて、徐々に潅水量を増やすようにする。2 月から 3 月には、第 1 回目の追肥を行う。この時期は第 1 花房の収穫期である。それ以降は 15 〜 20 日おきに追肥を行う。追肥時は地温を 15℃以下にしないようにつとめる。着果数は 1 花房当たり 4 〜 5 果とする。12 月から 5 月は暖房中なので温室を密閉に保つため、換気ができないことが多い。第 3 花房着果頃に、日の出から午前 10 時まで 1000 〜 1500ppm の CO_2 を施用する。春先の場合は、日の出から午前 9 時頃までとする。

整枝法

主枝1本仕立て法、主枝2本仕立て法、主枝摘芯2本仕立て法、主枝1本直立Uターン整枝法と斜め誘引整枝法がある。

生理障害および病害

半促成栽培は低温時期に育苗を行うため生理障害等の発生が多い。

変形果
第3花房から第5花房にかけて症状が現れる。育苗後半から定植初期での低温が原因に多く、平均気温15℃以下にならないようにつとめる。

空洞果
収穫期に高温となり、茎葉が過繁茂し、採光性が低下すると発生する。適温管理、過繁茂にならないよう草勢を整えることが重要である。

苦土欠乏
第3花房〜第4花房など、肥大の優れる果実で発生が多い。低温時期に苦土肥料が少ないと生じやすい。発生したら苦土肥料を施す、硫酸マグネシウムの1〜2%溶液を5〜7日おきに葉面散布する。

条腐れ果
トマトモザイクウイルス（ToMV）による白いすじの入る白条腐れ果と、果肉部分や維管束を中心にして黒褐色になる黒条腐れ果がある。後者は果実への光がよく当たるようにし窒素過多、過繁茂にならないようにする。

アミトマト
果実表面がアミ状になり内部のゼリーが透けて見える症状で、高温・窒素過多で引き起こる。温度管理と水分管理に注意が必要である。

灰色かび病
過湿となりやすい11月から翌年5月の長期に渡って発生しやすい。枯れ始めた花冠や葉を除く他、発生前にトップジンMなどで予防を行う。

その他
果実全体が茶褐色になり固まる茶まんじゅうは、窒素過多や水分不足によって引き起こされる。また、モザイク病（ToMV）はTm-2^{a}型抵抗性品種を用い、根腐れ萎凋病は土壌消毒を徹底する他、温度管理に十分に気をつける必要がある。

第2章 トマトの栽培

抑制栽培

ハウスなどを用いて秋から冬に栽培する

ハウスなどの施設を用いて、メロン、スイカ、キュウリと輪作を行い、秋季から冬季にかけてトマトを収穫する作型である。温暖な地域が適する。連作障害や自然災害の影響を受けやすい露地での栽培に比べ、自然災害の影響を受けにくいので、収穫期の競合を避けて播種期を調整することで高品質なトマトの生産が可能となる。

品種の選び方

日射量が露地栽培の半分以下でも光合成能力が高く、低温でも果実の肥大が優れること、長期に渡り生育を安定させるために耐暑性や耐寒性の他、低温下でも茎の伸長性が優れること、施設内に特有の様々な病害虫の影響を受けにくい耐病性、複合抵抗性を持つ品種が望ましい。

育苗

播種期は、露地栽培の収穫期を避け6月上旬から中旬に行うが、高温期なので涼しい場所で催芽してハウス内で育苗する。ハウス内にアブラムシなどが入らないよう網目の寒冷紗などを張り、屋根部は近紫外線除

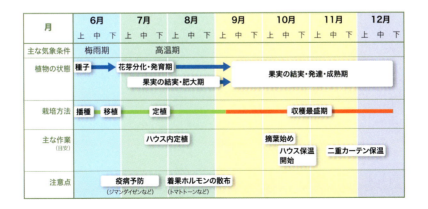

去フィルムを被覆する。播種床は立枯れ病予防のため、播種後に1000倍のダイホルタン水和剤を散布する。高温時期の作型のため、青枯病抵抗性の台木品種、'がんばる根11号'、'スパイク'（以上、Tm-2^{a}型、愛三種苗）'サポート'（Tm-2^{a}型、サカタのタネ）、'Bバリア'（Tm-2^{a}型、タキイ種苗）、'足じまんダッシュ'（Tm-2型、みかど協和）などを利用した接ぎ木栽培で予防する。発芽後は灌水につとめ、昼夜温は25℃前後に保つ。本葉が1～2枚程度展開した時期に鉢上げを行い、その後30～35日で6～8葉の定植苗となる。それまでの育苗期間に斑点病、輪紋病、疫病予防として、ジマンダイセン水和剤の1000倍液などを使用する。

定植と定植後の栽培管理

　高温期に定植を行うので、ネコブセンチュウ発生予防の土壌消毒を行う。定植苗は第1花房の開花直前の8～9葉苗が適する。定植前日に植え床に灌水を行い、定植後は根域を深層部に展開させるため、萎れない程度に灌水を行う。根が活着した後も灌水は少量とし、秋季の10～11月に入って気温が低下しても灌水量は必要量のみを与えるようにする。晩秋に気温が低下した際は加温し、夜温は10～13℃以下にならないように注意する。抑制栽培は生育速度が早いので、追肥は収穫終了の1ヵ月前まで即効性肥料を中にして20～30日に1回ずつ与えるようにする。

　高温期の作型で過繁茂になりやすいため、ハウスの換気を十分に行い、昼温／夜温＝24～25℃／15～20℃に保つ必要がある。昼温が40～45℃の高温条件下では、植物体の生長が軟弱となり花の質が低下しやすいので、日中は天井部分を被覆して高温防止につとめる。9月以降は気温がやや低くなり果実の肥大生長に適した温度条件となるが、10月以降は夜温が10℃以下にならないよう側面を寒冷紗に変え、ビニルなどを被覆して保温する。また、着果促進のためにトマトトーン100倍液にジベレリン5～10ppmを混ぜて散布する。処理効果が優れる涼しい時間帯を選んで散布するとよい。

整枝法

主枝直立1本仕立て法、主枝2本直立仕立て法、主枝1本直立Uターン仕立て法とする。斜め誘引整枝法、つる下ろし整枝法も有効である。茎葉が過繁茂にならないよう、採光性に注意する。

生理障害および病害

秋季に収穫期となるため、収穫時期に影響が出ない栽培管理法が必要。生理障害や病害の予防、防除は長期促成栽培に準じて行う。

異常茎
定植後の高温時期に土壌水分が多いと窒素過多になりやすく、生育が過繁茂になると発生しやすい。夏季に定植をするので比較的発生しやすい生理障害である。防止対策としては、発生しにくい品種を選ぶ、老化苗を使う、基礎肥料を抑え、初期生育を抑えた栽培管理につとめることが重要である。

尻腐れ果
高温時期の土壌水分の急激な変化による発生が多く、根系を土中に深く発達させて土壌水分の変化が少ない状態を作ることが必要であり、潅水量の変化を小さくすることも重要。発生しやすい時は、各花房の果実肥大時に0.5％の塩化カルシウムを葉面散布する。

青枯病
地温25℃以上で発生が多くなるため、高温時期は地温を下げ、青枯病抵抗性品種や、抵抗性台木を利用。'がんばる根11号'、'スパイク'($Tm-2_a$型、愛三種苗)、'足じまんSS'($Tm-2$型、みかど協和)等を接ぎ木する。また、土壌還元消毒や土壌の太陽熱消毒を行い、病原菌の密度を下げるのも効果的である。

疫病
夏から秋にかけて高温多湿になるため発生が多く、育苗から栽培終了までZボルドー液などを低濃度で散布して予防し、発生した場合はダコニール1000などの薬剤散布を行うこと。

黄化葉巻病（TYLCV）
抑制栽培ではタバコナジラミの発生が多いため、媒介昆虫のタバコナジラミの寄生を防ぐこと、近紫外線除去フィルムや防虫網を張り、黄色テープ、殺虫剤の散布が必要である。また、抵抗性品種を用いるのも効果的。

中玉トマト栽培

ゴルフボール大の房どりが可能なトマト

　果実の大きさが4～5cm、果実重が約60gのゴルフボール大のトマトで「ミディトマト」とも呼ばれる。日本ではトマト栽培における全労働時間当たり20～30％を収穫作業が占めるため、省力化に向け房どりを行う試みが行われてきたが、最近は中玉トマトを1個ずつ収穫することも多い。当初はオランダの品種をそのまま導入していたが、近年は日本の気候に合った品種が育成されている。

作型と品種の選び方

　中玉トマトの消費は、ミニトマトと同様に安定し周年化している。各耐病性の他に複合抵抗性を持つ品種が育成され、作型も露地栽培のほか、促成栽培、半促成栽培、抑制栽培も行われている。'フルティカ'（タキイ種苗）、'レッドオーレ'（カネコ種苗）、'シンディースイート'（サカタのタネ）などが用いられる。

栽培管理法

　露地栽培、促成栽培、半促成栽培、抑制栽培ともに、作型による播種、育苗管理、定植後の管理、整枝法は大玉トマトに準ずる。

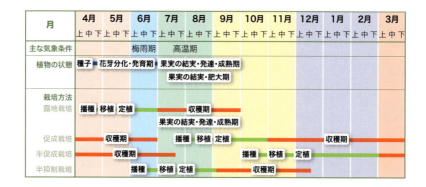

ミニトマト栽培

手軽に食べられる一口サイズのトマト

果実の大きさが 3 ～ 4cm、果実重は 15 ～ 50g で、完熟しても小型サイズとなる。果実を切らずに使用でき、赤色以外にも様々な色があり、糖度が高く、日持ちも優れる点で人気が高い。

作型と品種の選び方

各耐病性の他に複合抵抗性を持つ品種が育成され、露地栽培の他、促成栽培、半促成栽培、抑制栽培や高冷地や準高冷地での露地栽培も行われている。'ラブリーさくら'（みかど協和）、'千果 99'（タキイ種苗）、'アイコ'（サカタのタネ）などが用いられる。

栽培管理法

作型による播種、育苗管理、定植後の栽培管理・整枝法は、一般的なの大玉トマトに準ずる。整枝法としては、主枝1本直立仕立て整枝法があるが、誘引やつる下し、摘葉に労力がかかり、果実への採光性が問題になる。連続摘心整枝は、採光性をよくして高品質のトマト果実を栽培するのに適する。また、着果を確実にするためにマルハナバチの利用やホルモン処理も有効である。

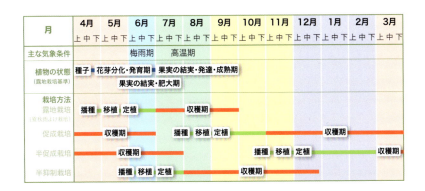

養液土耕栽培

減農薬・化学肥料を目指す

養液土耕栽培は平成3年度にOATアグリオ株式会社により開発された技術で、長期間施設を利用する栽培に有利である。栽培技術の特徴として、次の3点が挙げられる。

1．トマトが必要とする肥料成分を最小限の量で、しかも吸収されやすい培養液として与える。その際にトマトや周辺環境にも極力、悪影響にならないような工夫がなされている。

2．栽培圃場の土壌には多量の良質ピートモスを投与しておく。この土壌は物理性が優れるため、そのまま長期間利用することが可能で、その地域の地下水を利用できる利点がある。

3．施設費が安価で、維持管理も容易である。

システムの特徴

揚水ポンプに連動させた液肥混入装置から、トマトの生育に合わせて必要最小限の養水分が点滴チューブから自動供給される。10a当たりの定植本数2000本、収量は促成栽培、半促成栽培では15～20t、ハウス抑制栽培、夏秋雨よけ栽培は8～10tとした場合の、トマトの生育ステージごとの施肥基準の一例を示す。

1．育苗期：液肥として1000倍希釈のOK-F-11を1回/月当たり2.5kg使用する。

2．生育初期（定植～第3花房開花）：液肥として2000倍希釈のOK-F-1、OK-F-2を1回/月当たり1kg使用する。

3．生育中期（第4花房～第5花房）：液肥として750倍希釈のOK-F-1、OK-F-2、OK-F-3を適宜使い分けて2回/月当たり10kg使用し、徐々に栄養生長を強めていくことが必要である。

4．生育後期（第7花房～第10花房）：液肥として400～500倍希釈のOK-F-1、OK-F-2、OK-F-3を適宜使い分けて7～10日おきに15

~ 20kg 使用する。開花と栄養生長のバランスを保つために、培養液は 30cm 以浸み込ませ、第 3 花房収穫時期頃からは着果、果実肥大を促進するようにすることが必要である。

留意点

　トマトの生育段階に合わせた養水分の供給が必要なため、栽培場所の土作りを綿密に行い、根の発育を促進して根系の発達した根圏を保つことが重要である。そのためには、優良なピートモスやバーク堆肥を 5000ℓ/10a 施用して、深さ 50cm 以上深く耕やし、物理性を保つ必要がある。作型や品種を選ばずに利用できるが、通常のトマト栽培と同様に水分管理、着果を確保するためには補助的にホルモン処理を行い、整枝や病害虫防除は怠らないようにすることが重要である。

養液土耕栽培システムの概略図

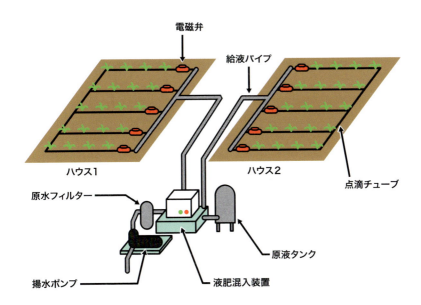

植物工場の可能性

植物工場とは

　トマト栽培を歴史的に見れば、露地栽培から施設を使った栽培、そして養液栽培へと進んできた。今後は自動的化された周年生産システムの開発、省力化した植物工場へと発展していく可能性がある。具体的には土耕栽培から水耕栽培へ、光源の種類は自然の太陽光から人工照明装置への発展である。これらを総合して植物の生育環境を制御する植物を生産するシステムが植物工場である。

植物工場の歴史

　渡邊（2007年）によれば、現在世界で稼働している植物工場は1957年から営利生産を始めたデンマーク・クリステンセン農場であるといわれている。この農場ではヒーターと補光ランプを用いてクレソンを栽培し、播種、育苗、収穫、梱包を一貫して生産システム化した。1970年代には、アメリカ・ゼネラルエレクトリック社、ゼネラルミルズ社、ホイタカー社などが、人工照明装置を使って野菜の生育環境を制御するノウハウを蓄積した。日本では、1970年代後半から、株式会社日立製作所、（財）電力中央研究所を中心に植物工場としての技術開発が進められてきた。

植物工場の発展の基礎

　植物の生育に合わせて発展したシステムがある。例えば、育苗において効率的なシステムとして普及している「セル成型苗」の生産、含水ケイ酸マグネシウムを素材とするタルクなどを被覆し、種子の粒径を大きく均一化して取り扱いしやすくする「コーティング種子」や「ペレット種子」、播種機、発芽トレーの利用、クローン苗の栽培技術などは生産技術と設備を発展させる上で大きく貢献し、トマトの施設栽培でも広く利用されている。

第2章 トマトの栽培

植物工場発展の基礎となった生産技術の一例

① セル成型苗の処理

処理
プライミング処理
種子の発芽率、発芽勢、発芽後の苗の生産工場を目的とするプライミング処理
高浸透圧処理(ポリエチレングリコールなどの高浸透圧液に浸透)
塩類処理(硝酸カリウムなどの塩類養液に浸漬)
植物生長調整物質処理
包埋処理(親水性高分子化合物などで包埋)

種子
コーティング処理(コーティング処理、ペレット種子)
含水ケイ酸マグネシウムを素材とするタルクなどを被覆し、
種子の粒径を大きく均一化して取扱いしやすくなる

播種
セル成型苗生産に用いられる播種機

発芽
発芽室、育苗室
播種、覆土、潅水が終わったトレーを収納棚に移し、温度や湿度が制御された発芽室で発芽、
太陽光利用型の温室内で育苗

▼

② クローン苗の生産

育苗
組織培養技術を用いたクローン苗増殖(マイクロプロパゲーション)用の大量培養装置の開発
- 組織培養で用いる外植体の「自動表面殺菌システム」
- 体細胞胚の選別、培養容器への移植を自動化したシステム
- クローン苗の無菌的、自動的に移植できる「メリクロン・ロボット」
- クローン苗生産用の密閉培養容器「Vitron」
- 培地中に糖を添加しないで、二酸化炭素を施用してクローン苗に光合成を行わせて育成する「無糖CO_2施用培養法、光独立栄養生長培養法」
- クローン苗の順化システム
- クローン苗生産用の省電力光源(LEDを用いる)「サイドライトホローシステム、SILHOS」

▼

③ 収穫物の機械による選別

果実
果実や、トマトなどの果菜類の食味に関する非破壊品質評価法
- 青果物を破壊することなく味を間接的、直接的に推定する
- 「直接法」
  光や磁気を当て、成分特有の吸収波長や信号を検出して糖や酸の含量を推定する
- 「間接法」
  光の透過や反射を利用して色素含量を測定し、間接的に味を推定、
  打音や振動により糖や酸の含量を推定する

▼

④ 出荷から販売までの全過程を低温環境で流通させる「コールドチェーン」

▼

⑤ 低温貯蔵に加えて、貯蔵庫内のガス組成を変えて青果物の生理活性を抑制する「CA貯蔵」

植物工場の利点

　野菜を植物工場の利点として渡邊（2007年）は次の5点を挙げている。しかし、現状では生産設備の償却コスト、電力のランニングコストの負担も大きい。

1．温度、湿度、光、CO_2、培養液を制御できる。
2．外からの病害虫の侵入を遮断することで無農薬栽培が可能。
3．労働集約性の向上が期待できる。
4．閉鎖系を用いることで、周辺環境への配慮は不要である。
5．資材の再利用による環境負荷を軽減できる。

「太陽光型」と「人工光型」

　植物工場を環境を制御する点で分けると、「太陽光型植物工場（以下、太陽光型）」と「人工光型植物工場（以下、人工光型）」がある（古在、2014年）。「太陽光型」は、施設栽培と同じ半閉鎖型の栽培システムで、主に太陽光を用いて一部は補助光を用いることもある。トマトなどの果菜類や、葉菜類、ハーブ類、ベリー類、コチョウラン、コンテナ栽培を行った小型果樹（ビワやマンゴー）などの品質と収量を上げるのに適している。その一方で気象条件の影響を少なからず受ける。例えば、

1．季節や、天候、時刻により日射量が異なる。
2．弱光を好む葉菜類などには夏季の晴天時の日射量は多すぎる。
3．日射エネルギー（光の質）で見ると、日射エネルギーの約50％は光合成に利用されない近赤外エネルギーと赤外エネルギーであり、日射量が強い時には、それらの放射エネルギーは加熱作用を導き、室内温度と葉温度を上昇させる。

　したがって太陽光型は、農作物の生産性、生物多様性、景観や「農業社会」の維持などの多様な機能・役割を果たす植物工場であるともいえよう。

　その一方で人工光型は、「閉鎖型の工業的側面の大きい植物工場」である。外界との境界は光を通さない断熱材で仕切られ、密閉度が高い。

第2章 トマトの栽培

閉鎖型での生産に適する野菜の品目の条件は限られるが、計画的、安定的に生産することを主目的とする。その利点は、現在のところ以下の4点に集約される。
1．比較的弱い光で栽培が可能である。
2．15～30日間程度の短い栽培期間で収穫が可能である。
3．高密度栽培ができ重量当たりの価値が高い。
4．特定の機能性成分の増加等の付加価値をつけることが可能。

これらの条件に合う野菜の品目としては、リーフレタス、サラダ菜、ベビーリーフなどの葉菜類である。2016年2月時点での植物工場数は(野菜情報、2016年)、「人工光型」は191ヵ所、「太陽光人工光併用型」が35ヵ所、「太陽光利用型」(施設面積が1ha以上、養液栽培用地を持つ)が79ヵ所である。これらのほとんどの栽培品目は、レタスやホウレンソウなどの葉菜類に限定されている。

「人工光型植物工場」の可能性

植物工場は、外部環境の影響を軽減させて植物生産が行える利点がある。生産システムが稼働した場合、次の利点が作り出せる。
1．持続可能な生産システムである。
2．高収入、高品質と省資源、環境保全を兼ねる。
3．健全経営である。

植物の生産システムにおいて、必要な投入資源は、光、CO_2、水、肥料、種子である。土地生産性当たりのコスト(価値創出量)で見ていくと、使った水は再利用でき、光源ランプはLED(発光ダイオード)の普及によりエネルギー効率は向上する。その他にエアコンや送風ファンなど身近なもので構成されるので、洗わなくても食べられる、捨てる部分が少ないのでゴミの削減ができる。これらの条件を完全に満たしたとき、計画的・安定的な周年生産が実現可能である。

ただし、植物は本来、環境に適応して生育するので人工光型植物工場を用いて栽培して食料を生産する場合には、用いる品目の形態、生理、

生態をよく理解し、栽培法の基礎をしっかりと実践した上で取り組むことが極めて重要である。

トマトにおける植物工場の利用

　トマトを含む果菜類は、強い光と数ヵ月以上の栽培期間が必要であり、栽培密度は3～10本/㎡と電気量が大きい。また、草丈が高くなるので経常収支や利益を求めるのであれば、多段栽培棚を用いる閉鎖型人工光型工場は現状では非常に困難である。

　このように考えると、トマト栽培を含めた植物生産の多くは、太陽光を利用したものとなる。2007年以降、トマトなどの果菜類の育苗を人工光型で行い、栽培は太陽光型で行う併用方式が一部で実用化している。

　例えば、トマト栽培における低段密植栽培の場合、周年に渡って品質が優れる苗の大量供給が求められる。この場合、育苗を人工光型で行って生産コストを抑えるとともに良質な苗を生産し、これらの苗を定植、以降は収穫までを太陽光型で行う「太陽光型と人工光型の併用型」を行うことで、より有効な生産手段を見出すことも可能である。

トマトにおける完全閉鎖型「人工光型栽培」の可能性

　現段階では、トマトなどの野菜類は完全閉鎖型では実用化していない。しかし、近未来的にはトマト栽培を「人工光型栽培」で営利栽培ができる可能性がある。その場合、栽培システムはそのままで、このシステムに向く品種を栽培することで可能性が開ける。具体的には、多段栽培棚に向くわい性のトマトを用いて、その利用を開発する必要がある。
また、野生種トマトや変異系統などは、環境変化に敏感な系統が多いのでそれらの中から人工光型栽培に向くトマトを育種する「植物育種工場」の開発の可能性がある。玉川大学農学部先端食農学科大橋、金子ら（2015年）は、人工光型栽培システムを使って、野生種トマトの

第 2 章 トマトの栽培

L.pimpinellifolium の 1 系統、多段栽培棚に入るわい性の 1 変異系統、栽培種トマトのミニトマト数品種と、加工用品種の内、いずれも高色素発現遺伝子を保有する品種など、様々なタイプの野生種トマトや栽培トマトを用いて白色蛍光ランプ条件下（180 μ mol m^{-1} S^{-1}）での栽培を試みた。果実内の糖度、クエン酸含量、ビタミン C 含量、可溶性固形物含量およびリコペン、β-カロテン含量を調べたところ、野生種トマトやわい性変異系統の一部でこれらの含量が増加したことを報告している。

また、小林ら（2017 年）は同様の装置を使って、数種の野生種トマトとわい性の栽培種トマトを栽培し、紫外線（UV-A）を照射した。その結果、赤色系の果実では糖度とビタミン含量が増加し、果実表面のクチクラ層が発達して果実色に鮮やかな艶が生じることを見出し、成分の増加と外観の優れる高品質トマトの栽培が可能であることを示した。これらは、実験段階を経て実用段階に発展する可能性があるが、様々なトマトの遺伝資源を持ち得ることで、成し遂げられた結果である。今後、収量の増加など実用栽培に向けた研究が加速してくことになれば、トマト栽培の歴史は大きく変わるかもしれない。

病害虫・生理障害

病気

萎凋病

症状と原因 植物体の下方の葉から黄化して萎れ、茎の維管束部（特に導管）が褐色化する。フザリウム（*Fusarium*）が原因となって発生する。

対策 萎凋病菌のレース1及び2抵抗性品種、台木を用いる。

半身萎凋病

症状と原因 植物体の下方の葉から黄化して萎れる。萎凋病と同様に、茎の維管束部が褐色化する。バーティシリウム（*Verticilium*）が原因となって発生する。

対策 抵抗性品種、台木を用いる他、夏季の高温時にハウス内土壌を耕やして太陽熱による土壌消毒を行う。

褐色根腐れ病
（コルキールート）

症状と原因 毛細根が褐色化して脱落し、太い根も褐色化し、地上部の生育が停滞する。フィレノカエタ（*Pyrenochaeta*）によって発生する。

対策 有効な抵抗性品種や台木がないので、ハウス内土壌を耕やして太陽熱による土壌消毒を行う。

第 2 章 トマトの栽培

灰色かび病

症状と原因　低温期のハウス密閉時の多湿状態下で果実や花、茎に灰色のかびを生ずる。ボトリチス（*Botrytis*）により発生する。

対策　ハウス内の湿度をできるだけ低下させるため、換気を行う。また、病原となる果実や葉はできる限り早く取り除くこと。

主な薬剤　ベルクート水和剤3000〜6000倍液、ロブラール水和剤1000〜1500倍液、スミレックス水和剤1000〜2000倍液、ボトキラー水和剤1000倍液などがある。

青枯病

症状と原因　シュードモナス属の菌（*Pseudomonas solanacearum*）により発生する。地温が30℃以上の高温期に、根部が枯れて地上部の生育が完全に止まり、青枯れた状態となる。

対策　抵抗性品種、台木を用いる。台木用品種として、'がんばる根'、'がんばる根ベクト'、'スパイク'、および'Bバリア'などの複合抵抗性台木などが有効。地温上昇防止のためにサマーマルチや紙マルチの利用も有効である。

葉かび病

症状と原因　葉の裏にビロード状の病斑を作り葉が黄化して蔓延する。高温多湿条件での発生が多い。フルビア（*Fulvia fulva*）により発生する。

対策　抵抗性遺伝子 *Cf4* または *Cf9* を持つ品種を利用する。また、高温多湿にならないよう換気などを十分に行うこと。

主な薬剤　カスミンボルドー1000倍液、ゲッター水和剤1000〜1500倍液、トップジンM水和剤2000倍液、ジマンダイゼン水和剤800倍液などを使用する。

立ち枯れ

症状と原因　地面に近い茎が外側から褐色となり、やがて根も腐敗する。リゾクトニア（*Rhizoctonia*）により発生する。

対策　圃場に汚染された苗を持ち込まないようにし、潅水時には地際の茎に水が直接当たらないよう注意する。

主な薬剤　オーソサイド水和剤 800 倍液、ダコニール 1000 の 1000 倍液などを使用する。

トマト黄化葉巻病（TYLCV）

症状と原因　タバココナジラミによってトマト黄化葉巻ウイルスが媒介され、新葉の縁から退色して黄化し、葉巻症状が現れ、葉が縮れて発育が停滞する。日本ではイスラエル系統とマイルド系統が発生している。

対策　タバココナジラミの飛来を防ぐため、極細の繊維を用いた 0.4mm 以下目合いの防虫ネットをハウスに張り、循環扇や細霧冷房で温度の上昇を防ぎ、黄色粘着板で飛来を防ぎ、増やさないように注意する。

疫病

症状と原因　トマトの代表的な病害で、葉、茎、果実などに不整形の褐色の病斑を作り、周年に渡って多湿での発生が多い。

対策　栽培管理法としては、露地栽培では高畝にして多湿にならないようにつとめる他、薬剤による予防散布が必要である。

主な薬剤　ブリザード水和剤 1200～2000 倍液、ダコニール 1000 の 1000 倍液、オーソサイド水和剤の 800～1200 倍液、ジマンダイセン水和剤 1000 倍液を使用する。

トマトモザイクウイルス（TMV、ToMV）病

症状と原因 葉にモザイク状の症斑を呈し、奇形葉となり生育が停滞する。病原ウイルスはトマトモザイクウイルス（タバコモザイクウイルスに近縁）で、アブラムシなどにより媒介される。

対策 抵抗性品種を用いる。Tm-2型かTm-2^a型の抵抗性を持つものが望ましい。接ぎ木を行う際、穂木用品種、台木用品種ともToMV抵抗性遺伝子を揃え、媒介するアブラムシの防除、土壌消毒も徹底する。

キュウリモザイクウイルス（CMV）病

症状と原因 葉にモザイク状の症斑を呈し、葉がヤナギ様に細くなり発育が停滞する。主な病原ウイルスはキュウリモザイクウイルス（CMV）で、アブラムシなどにより媒介される。

対策 寒冷紗を張ったハウスで育苗し、アブラムシの飛来を防ぐ。ハウスの周辺にはCMVの発生源になるキュウリ、カボチャおよび雑草が極力ないように注意する。

トマトモザイクウイルス病とキュウリモザイクウイルス病は症例が非常に似ている。

トマト黄色えそ（TSWV）病

症状と原因 葉に褐色のえそ斑を生じ、葉の先端から黄化して萎れる。病原ウイルスはトマト黄化えそウイルスで、日本ではTSWV普通系統とスイカ系統が発生している。ミカンキイロアザミウマ、ネギアザミウマなどのアザミウマによって媒介される。

対策 抵抗性品種を用いる。抵抗性遺伝子の型は*Sw-5*と*Sw-7*がある。栽培管理法として、アザミウマの発生防除を行う。

害虫

アブラムシ類

特徴 アブラムシの寄生は6月〜10月にかけて発生する。有翅の成虫になる。
対策 駆除には殺虫剤の散布を行う他、近紫外線除去フィルムや防虫ネットを張ることにより、飛来や活動を軽減させるのが望ましい。
主な薬剤 スミチオン乳剤1000倍、オルトラン水和剤1000〜2000倍液などを使用する。

ミカンキイロアザミウマ
（スリップス類）

特徴 トマトの花を好み、トマト黄化えそ病のウイルスを媒介する。
対策 栽培管理法としては、施設栽培では寒冷紗により外部からの侵入を防ぐ他、圃場周辺の雑草防除につとめることが重要である。
主な薬剤 アーデント水和剤1000倍液、ベストガード水和剤1000倍液などを利用する。

ハスモンヨトウ

特徴 中型のガで、幼虫が茎葉、果実を食害する。

対策 栽培管理法として、施設栽培では寒冷紗を使用し、外部からの成虫の侵入を防ぐ。

主な薬剤 アタブロン乳剤2000倍液、ノーモルト乳剤2000倍液、マッチ乳剤3000倍液などを使用する。

ハモグリバエ

特徴 成虫の体長は2mmの黄色のハエで、幼虫は葉に潜ったまま線状に食害する。

対策 施設栽培では寒冷紗を使用して外部からの侵入を防ぐ他、圃場周辺の雑草防除に努めることが重要である。天敵昆虫として寄生ハチの利用も効果的。

主な薬剤 オルトラン水和剤1000倍液、ダントツ水和剤1000倍液、カスケード乳剤2000～4000倍液などを使用する。

ネコブセンチュウ類

特徴 トマトの根に大量のネコブを形成し、根の活力を低下させる。

対策 抵抗性品種を用いる。栽培管理法としては土壌消毒につとめることが重要である。

主な薬剤 D-D剤（1,3ジクロロプロペン）、テロン、クロルピクリンなどを使用する。

トマトサビダニ

特徴 吸汁性害虫であるサビダニが、トマトの葉につき、茎葉が褐色となり、果実がさび状になる。

対策 栽培管理法としては、薬剤散布を行う。

主な薬剤 イオウフロアブル400倍液などを使用する。

オンシツコナジラミ、タバココナジラミ
（シルバーリーフコナジラミ）

特徴 セミやウンカ等と同じ仲間で、白色の吸汁性害虫。体長は2mm、1mm。トマトの寄生するコナジラミ類にはオンシツコナジラミとタバココナジラミが知られている。

対策 黄色の粘着板を用いる他、薬剤による防除、網目の細かい防虫ネットで侵入を防ぐことも重要である。また、生物農薬としてオンシツツヤコバチを利用する。

主な薬剤 オンシツコナジラミには、ジプロム乳剤1000倍液、アグロスリン乳剤2000倍液、トレボン乳剤1000倍液、アドマイヤー水和剤2000倍液、ベストガード水和剤1000倍液を利用する。タバココナジラミには、ベストガード水和剤1000倍液などを利用する。

薬剤早見表

アブラムシ類	スミチオン乳剤1000倍
	オルトラン水和剤1000～2000倍液など
ミカンキイロアザミウマ（スリップス類）	アーデント水和剤1000倍液
	ベストガード水和剤1000倍液など
ハスモンヨトウ	アタブロン乳剤2000倍液
	ノーモルト乳剤2000倍液
	マッチ乳剤3000倍液など
ハモグリバエ	オルトラン水和剤1000倍液
	ダントツ水和剤1000倍液
	カスケード乳剤2000～4000倍液など
ネコブセンチュウ	D-D剤（1,3ジクロロプロペン）
	テロン
	クロルピクリンなど
トマトサビダニ	イオウフロアブル400倍液など
オンシツコナジラミ	ジプロム乳剤1000倍液
	アグロスリン乳剤2000倍液
	トレボン乳剤1000倍液
	アドマイヤー水和剤2000倍液
	ベストガード水和剤1000倍液など
タバココナジラミ（シルバーリーフコナジラミ）	ベストガード水和剤1000倍液など

生理障害

乱形果、奇形果

症状と原因 乱形果は育苗期や花芽の分化期前後から発育期にかけて 5 〜 6℃の低温に遭遇し、養水分の過剰供給によって心皮数が異常に分化して、多心皮の子房が形成され、各心皮の発育が不均等になって生じる。

対策 生育環境として、日中の温度を 20℃以上、夜温を 10℃以上を保つこと、栽培管理法として窒素、潅水量を控えめにすることが対策として考えられる。なお、ファースト系品種や多肉質の品種など、心皮数が多い品種では第 1 花房が乱形果になりやすい。

乱形・奇形果

乱形果実

頂裂型乱形

裂果

症状と原因 果実の成熟期前に、急激な水分の吸収によって生じる。果実のがくを中心にして同心円状、放射状に亀裂が入るものや、軸方向に果実が裂けるものがある。果実へ流入する水分や同化産物が多い場合、果肉部が肥大生長する速度と、果皮の生長速度が一致しない場合に生じる。大玉トマトでは、露地栽培、夏秋雨よけ栽培、抑制栽培で発生が多い。

対策 栽培管理法としては、果実が露出して直接水分が当たらないように雨よけを行う、水分の過剰供給に留意するなどが重要である。また、果皮が厚く硬い品種ほど発生が少ないので、裂果抵抗性品種（果皮を引っ張った時の強度が強い品種、果皮が伸びやすい品種、および果皮の強度が強く、かつ伸びやすい品種）を使うことも必要である。

放射状裂果

同心状裂果

同心状裂果＋側面裂果

空洞果

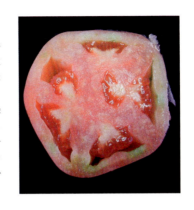

症状と原因 受粉・受精が完全に行われず種子形成が不完全な場合や、低日照時に不適切な植物生長調整物質を処理した際、ゼリー部の発達が少なくなり生じる。

対策 植物体全体に光が当たるように株間、条間を広くとり、葉と果実との生育バランスをよくすること。また、植物生長調整物質の種類(オーキシン類のトマトトーンとジベレリンの併用)や濃度に留意する。果実のゼリー部の発達が少ない多肉系の品種を選ぶことも重要。

尻腐れ果

症状と原因 土壌の高温乾燥時に果実の急激な肥大が進み、果実へのカルシウムの取り込みが不足した時に、果実の頂端部にカルシウム欠乏が起こって、その部分の細胞が褐変する現象。

対策 生育環境として夏季高温条件下で発生しやすい。この場合には、窒素肥料としてアンモニア態窒素を使用せず、硝酸態窒素を用いると有効な場合がある。栽培管理法としては、葉と果実の生育バランスを適切に保ち、一時的に萎れさせないように管理することが重要である。

着色不良果、日焼け果

症状と原因 果実表面に直射日光が当たると、果実表面の温度が上昇して赤色を呈するリコペンが分解されて起こる。

対策 栽培管理法として、春から夏の日照時間が長く果実への直射日光が当たる時期や、加工用トマトなどのように、無支柱で地這い栽培した場合に果実に発生しやすいので、葉の中に果実を入れるなど、果実への直射日光が当たらないようにすることが重要である。また、土壌の排水、通気を良くして暑さを回避するなども必要である。

コラム2

有毒な「ホルムアルデヒド」を無毒化するトマト

「ホルムアルデヒド」はあらゆる日常製品から発生する揮発性の有機化合物の1つで、ダイオキシンの100倍以上も毒性があるといわれている。

密閉した室内で過ごすことが多い現代社会では、長時間ホルムアルデヒドに晒されることも多く、人体に頭痛、吐き気、眩暈などの症状を起こす「シックハウス症候群（シックビル症候群）」の原因物質ともなる。

この症候群は世界的に大きな問題であり、世界保健機関（WHO）でも室内濃度が0.08ppm以下になるように定めており、日本の厚生労働省でもこの基準値以下になるよう奨励している。

しかし、近年、野生種トマトの一部の系統に、ホルムアルデヒドを吸収代謝し無毒化するものがあることが明らかになった。

この野生種トマトは有毒なホルムアルデヒドを、葉の気孔から取り込み、葉肉組織の柵状・海綿状組織に存在するグルタチオンと結合する（図中：青緑色の部分）。その後、葉の内部で様々な酵素の触媒作用を受け、最終的に「無毒な二酸化炭素」として排出する。

このトマトは、卓上に置くだけで有毒な空気が浄化されるため、オフィスや生活空間の他、閉鎖的な植物工場などでの利用が期待できる。

今後、この系統を育種素材としてさらに付加価値のあるトマトの育成や遺伝子解析にも利用が可能である。日本人の食卓には身近な野菜「トマト」だが、野菜としての栄養価や料理に以外にも、私たちにとってかけがえのない役割を果たしている。

（玉川大学大学院農学研究科博士課程・小林孝至筆）

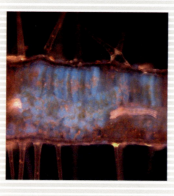

図　青い部分が、有毒なホルムアルデヒドをキャッチする物質、グルタチオンである。

第3章

日本のトマト

トマトが日本で広く親しまれるようになり、様々な品種が生まれ、栽培されてきました。過去に栽培された品種から最新品種まで一挙に紹介。

日本の品種変遷

1. 日本における最初のトマト栽培

　日本へトマトが入ってきたのは、今から320年ほど前の17世紀であるといわれている。当時は観賞用であり、野菜として栽培されるようになったのは明治維新以降である。小菅（2005年）によれば、明治18年6月3日に鹿鳴館の晩餐会メニューにサラダとして登場している。トマトは他の野菜とは異なり、新しい野菜として栽培が始まったこと、慣れないうちは異臭と感じる「トマト臭」と呼ばれる特殊な香りがあることから、その消費は都会のいわゆる知識階級に限られていたようである。

2. 明治から昭和初期までのトマト品種

　明治維新から昭和初期頃までは輸入品種をそのまま栽培していた。経済品種として、大正初めには赤色系で小さな果実をつけるイギリス系品種の'ベストオブオール'などが一般栽培された。しかし、これらの品種は果実があまりにも小さかったので、昭和初期には早熟性を必要とする北方地域や、温室での栽培に限定されるようになった。代わりにアメリカ系品種の'アーリアーナ'などの中果系の品種が一般化した。

'アーリアーナ'は、1900年にアメリカ・フィラデルフィアのジョンソン&ストークス商会によって紹介された。大正中期に栽培が多かった品種で、果実は朱紅色である。

第3章　日本のトマト

3. 昭和初期に誕生した日本の品種

　トマト栽培面積は明治末で約60ha、大正末に約500haであったが、昭和に入ってからは消費拡大によって急増し、昭和23年には1万ha以上になった。このような時代背景の下、大正末期に導入された桃色系の品種'ポンデローザ'が普及した。この品種は大きな果実をつけ、酸味が少なく、トマトに特有のいわゆる「トマト臭」が少ないため、トマトを食べ慣れない当時の人々にもおいしいと感じられ、消費者側から歓迎された。

桃色系トマトの代表品種となった'ポンデローザ'
果肉の部分が多く、酸味やいわゆる「トマト臭」が少ないため、日本では家庭用、加工用として大正末期より昭和初期にかけて広く栽培された。'ポンデローザ'から派生して、日本独特の品種が多く誕生した。

　そのため、日本では桃色系品種が特に好まれる風潮ができ上がってしまったようである。こうして、昭和初期には'ポンデローザ'に加え、'デリシャス'、'マーグローブ'などの桃色系品種が多く栽培されるようになった。ちなみに、宮沢賢治の著書『黄いろのトマト』にも'ポンデローザ'と'レッドチェリー'が登場する。このことからもこの時期に、'ポンデローザ'などが主要な地位を占めていた一端を知ることができる。

桃色系品種の横断面
果肉が桃色で厚くてやわらかいので、輸送には向かないがおいしいトマトの代名詞として昭和初期には非常に評判がよかった品種である。左から：'愛知'、'世界一'、'栗原'

4. 品種の多様化へ

　昭和13年頃からは桃色系品種を基にしたF₁育種も始まり、'福寿2号'などのF₁品種が誕生した。これを契機に日本のトマト品種は次第にF₁品種が主体となった。当初は品種間でのF₁であったが、次第に系統間でのF₁や、交雑育種によって育成した親同士を交配するF₁の育成へと進んでいった。

　ところで、日本のように高温多湿な気候では、様々な病気にかかりやすいため、耐病性を導入する必要がある。そこで、昭和35年頃から耐病性育種が行われ、萎凋病抵抗性'興津1号'〜'興津6号'の他、葉かび病、青枯病、ネコブセンチュウ、ウイルス病などに対する抵抗性品種も育成された。今日の耐病性品種には、これらのF₁品種を親に利用しているものが多く、複数の抵抗性を同時に持つ複合耐病性品種が育成されている。同時に、作型の分化にともなって作型別の専門的な品種が育成されるようになった。

F₁品種として古くから馴染みの深い'サターン'（左）と'強力米寿'（右）。昭和の味を色濃く残す品種で、今日でも根強い人気を博している。

第3章 日本のトマト

5. 再び昭和のトマトへ

　古き良き昭和の時代といわれる昨今。それは、今より物はなくても、人々は笑顔に満ち溢れていたからだそうである。昭和の時代には新しい技術が次々と取り入れられ、各方面で流行やブームを巻き起こした。今でもイノベーションという名の下に技術革新は続いているが、同時に閉塞感に陥った際には原点に立ち戻ることも多い。温故知新の原点は昭和にあるといっても過言ではない。「原風景」なるものを回顧してやまない世代が多く、トマトにおいても「トマト臭さ」をあえて求める消費者が増えつつある。

日本におけるトマトの歴史の変遷

時代	年	内容
江戸	1670年	ポルトガル人により長崎に持ち込まれる
	1708年	貝原益軒の書に「唐柿」として登場する
明治	1869年〜	開拓使がアメリカよりトマト品種を輸入、試作が行われる
	1876年	大藤松五郎氏、トマトの缶詰を試作
	1885年	晩餐会のメニューにトマトが記載される
	1903年	蟹江一太郎氏、トマトソースの製造に着手
大正	1914年	生食用品種の経済栽培が始まる
	1917年	大日本トマトソース製造信用購買組合が組織される（茨城県稲敷郡）
昭和	1938年	F_1品種の育成が始まる
	1945年前後	日本独自の品種が育成、栽培されるように。試作品種は約190品種となる
	1951年	ビニル栽培の普及にともない作型が増加、周年栽培が確立
	1960年	耐病性品種、複合耐病性品種の育成
	1965〜75年	作型の分化による周年栽培が確立
	1975〜85年	耐病害虫性を持つ台木品種の育成と利用が増加する
	1985年	完熟系トマト、桃太郎がタキイ種苗より発表される
	1985年	高色素遺伝子群保有の加工用トマト'ふりこま'を育成
平成	1994年	世界初の遺伝子組み換えトマト、フレーバーセーバーが開発される（アメリカ）
	1994年	単為結果性トマトの開発と普及
	1996年	トマト黄化葉巻病が確認される
	2012年	トマトの全ゲノム解析に成功

トマト品種図鑑 日本品種

明治～昭和初期に日本で栽培された品種

トマトが日本で栽培されるようになり、様々な海外の品種が輸入され、品種改良によって日本独自の品種が誕生した。
明治から昭和にかけて活躍し、日本におけるトマト栽培の歴史を彩った品種を紹介する。

品種名 Best of All
輸入元 イギリス
特徴 果実は丸型で、大きさはよく揃うが果肉が少なくて硬く、酸味や香りなどのいわゆる「トマト臭」が強い。極早生品種で、北部では重要な品種となり温室栽培用品種としても栽培された。大正初期に日本へ導入されたが、果実の硬さやトマト臭、また果重60g程度で小さかったため、日本では普及しなかった。

品種名 Bonny Best
輸入元 アメリカ
特徴 1908年、アメリカ・フィラデルフィアのジョンソン＆ストーク商会によって発表された早生品種。果重100g程度で球形。果実の揃いが極めてよく、結実量も多いため、促成・早熟用としてアメリカ北部の冷涼な地域等で家庭用としても栽培された。果実がやや小さかったことから、日本では普及しなかった。

品種名 Delicious
輸入元 アメリカ
特徴 アメリカで育成された品種で、昭和初期に'ポンデローザ'とともに用いられた桃色系の品種。果肉がやわらかく、食味もよいため日本で重宝された。昭和13年、大阪府農事試験場で日本初のF_1品種の先駆けとなる'福寿2号'が育成されたが、この際に利用されたのが本品種である。

第3章 日本のトマト

品種名 Dwarf Champion
輸入元 アメリカ
特徴 1886年に発見された品種で、果実の形状は球形で、ポテトリーフ状の葉を有している。日本ではわい性の品種として導入された。ある程度の草丈で生育が止まるので早期収穫が可能だったが、実用品種として広く栽培されるには至らなかったようである。

品種名 Henderson's Winsall
輸入元 アメリカ
特徴 1994年に選抜され、アメリカ・ヘンダーソン商会より発表された大果系品種。果実は楕円形で大きく、果重300gになることもある。果色は桃色。青枯病に弱く花の脱離が多い。果実の収量は少ないが、大果で酸味が少なかったため、一部で経済栽培が行われていた。

品種名 June Pink
輸入元 アメリカ
特徴 昭和初期に導入された桃色系品種。'アーリアーナ'から改良された早生品種。日本では普通栽培、温室栽培用として若干の経済栽培がみられた。'デリシャス'との交配で、一代雑種'福寿2号'や'福寿3号'の交配親として用いられた。

品種名 Marglobe Improved
輸入元 アメリカ
特徴 1925年、アメリカ合衆国農務省のプリチャード氏により耐病性を持つ品種として育成された。当時のアメリカにおける主要品種で、東部では加工用、南部では輸送用として広く栽培された。果実は球形で、結実率がよく集約栽培に適していた。

品種名 Pritchard
輸入元 アメリカ
特徴 1932年、アメリカ合衆国農務省のプリチャード氏により育成された。'マーグローブ'の果実の濃い赤色、果肉の硬さや厚さ、品質や耐病性を取り入れた早生の豊産性品種で、生食用だけでなく、加工用としても優れていた。日本でもビタミンC含量を高くする研究に用いられた。

品種名 Red Pear
輸入元 アメリカ
特徴 収量が多く、甘みと酸味のバランスが取れた品種で、アメリカでは主にサラダに用いられていた。洋ナシ形の果実で早生品種で子室数は2。多汁で肉質はやわらかく、トマト臭は少ないが、食味がやや劣ることと病害に弱いことから、昭和初期はあまり普及しなかった。

品種名 Stone
輸入元 アメリカ
特徴 1889年にアメリカのリビングストン社で発表された。果実は球形、子室数は7～9で、多数の種子を有する。晩生品種で、'グローブ'などの優秀な品種を輩出し、育成親として貢献したが、日本の高温多湿下では栽培が難しく、普及はされなかった。

品種名 Santa Clara Canner
輸入元 アメリカ
特徴 1890年頃、アメリカのサンタクララ地方で栽培、1923年にアメリカの缶詰協会によって優秀な品種として選抜され、フェリー・モリス商会によって発売された。晩生品種で、果実の形状は扁平。子室数、繊維質が多く、果実は濃い紅色。数少ない加工用品種として重宝された。

第3章 日本のトマト

品種名 San Marzano
輸入元 イタリア
特徴 加工用として導入された品種。現在、加工用品種として本種を基にした改良品種が世界中で栽培されている。果実が小さく、水分が少ないだけでなく、中果皮と内果皮の間に空隙が生じ、病気に弱いことから日本ではペーストの着色として他品種に混入して利用された。

品種名 New Globe
輸入元 アメリカ
特徴 'グローブ'を改良して育成されたといわれている。日本におけるトマト品種育成の基本品種。果実は腰高で、果実の揃いもよい。果実の色は濃い紅桃色で、外果皮がなめらかで美しく、その後に育成された品種に大きな影響を与えた。

品種名 Yellow Pear
輸入元 アメリカ
特徴 洋ナシ形で、生食用として用いられる。非常に古い歴史を持つ品種で、1805年には品種名が紹介されている。日本では昭和初期に栽培され、ピクルスやソースに使われた。淡い黄色で病害虫にやや弱い。また、日本の多湿条件下では裂果がみられる。

品種名 Red Cherry
輸入元 アメリカ
特徴 果径3〜4cmの小型で球形の品種。生食に用いられる。1840年に紹介された古い品種の1つで、日本では大正〜昭和初期に栽培され、生食として用いられた。外果皮はやや硬く、野生種トマト *Lycopersicon esculentum* var.*cerasiforme* の中から食味の優れる系統を選抜したといわれる。

品種名 愛知
作出元 愛知県
特徴 'ポンデローザ'より選抜された品種。果実は大きく、表面にはひだが多く発達しており、へた痕にはコルク層が発達している。草勢が強く、'ポンデローザ'よりも強勢で、葉は厚く濃い緑色である。当時は多くが加工用として栽培され、一部生食用として栽培・出荷されていた。

品種名 熊本10号
作出元 熊本県
特徴 水田裏作用、ペーパーハウス用（施設栽培の基）として栽培された。果実は桃色で、果重は100g程度。子室数は5～6で心止まり性である。草丈が低い段階で収穫できる。品質は優れていたが、葉が大きいため覆われた茎葉において病害の発生が多い傾向があった。

品種名 群玉
作出元 群馬県
特徴 昭和20年に群馬県農事試験場で発表された品種。'ニューグローブ'の分離系統である。果実は中～大型で肉質は少しやわらかく、甘みがあり酸味は少ない。果色は桃紅色だが、花痕部より放射状の緑色が残ることがある。疫病などにある程度の抵抗性があり、集約的な栽培に適していた。

品種名 糸島
作出元 福岡県
特徴 福岡県糸島郡で選抜・栽培された品種。果実は桃色でやや腰高、中型。草勢はやや強く、葉は大型で濃緑色。着花数が多く結実率も高いので、高温地域で集約栽培に用いられ、実用品種として栽培された。

第3章 日本のトマト

品種名 成功17号
作出元 宮城県
特徴 昭和18年に渡辺採種場で発表された。果実は桃色で球形の中型。発育がよく、上段まで結実するが不揃いになることがある。果肉がやわらかく、輸送園芸には適さなかった。多肥栽培に適さない地域、青枯病の発生が多い地域や長期の収穫を目標とする場合に重宝された。

品種名 豊玉
作出元 千葉県
特徴 昭和16年に千葉県農事試験場より発表された。中型で丸型が多く、揃いもよい濃桃紅色。肉質はやや硬く、耐肥性に優れ、多肥栽培に適する。疫病や青枯れ病にやや弱く、高冷地での多肥栽培で果重60g程度の高品質果実を得ることができた。

品種名 世界一
作出元 不明
特徴 来歴は不明で、同一名称の品種が各地で栽培された。果実は大型でやや扁平、果色は桃色で、果頂部に突起が生じる場合がある。熟期は晩生で、草勢は極めて強勢。葉は大きく厚く、濃い緑色。結実性が優れるが果肉がやわらかく輸送には向かないため、家庭用や市場用として栽培された。

品種名 純系愛知ファースト
作出元 愛知県
特徴 愛知県で栽培される伝統的な純系のファースト系品種。果径は球形で、ホルモン処理により先端部が尖ることが多い。ゼリー部が少ないため、果汁が出にくい。外果皮は薄く、果肉部の割合が多く非常にやわらかい。果肉は粘質で、甘みと酸味が調和し低温でも果実の肥大生長が優れる。

現在日本で栽培されている品種

日本でもトマトの品種改良が進み、日本の高温多湿な気候によって引き起こる様々な病気に耐える複合耐病性品種や、作型に合わせた専門的な品種が生まれた。
現在では食味や色などさらに細かい部分にもこだわりを見せる品種が数多く存在する。
現在の、そしてこれからのトマト栽培を支える品種の数々をご紹介する。

■ 大玉トマト ■

品種名 有彩014
適した作型 抑制、半促成、夏秋雨よけ、長期栽培
草勢 中程度
作出社 朝日工業株式会社、株式会社武蔵野種苗園
特徴 高温期でも着果肥大がよく、日持ちに優れる早生品種。果色はピンクで、果重は220g程度。果実が硬く、着果に優れ、果房内の果実の大きさと成熟がよく揃う。

品種名 有彩017
適した作型 長期、抑制、半促成、夏秋雨よけ栽培
草勢 中程度
作出社 朝日工業株式会社、株式会社武蔵野種苗園
特徴 初期からの肥大に優れ、高温期でも着果が安定し、果実が硬く日持ちがよい。果実のつきがよいため、適度に摘果を行い、草勢を維持する必要がある。果重は210g程度。

品種名 Cf優福
適した作型 夏秋雨よけ、ハウス抑制栽培
草勢 中強
作出社 カネコ種苗株式会社
特徴 栽培後半までL球中心の果実肥大性を有し、食味のよさも兼ね備えた完熟タイプの品種。低、高温条件下でも着果、着色が安定しており、生理障害の発生が少ない。

第3章 日本のトマト

品種名 TYファースト
適した作型 促成栽培
草勢 中程度
作出社 愛三種苗株式会社（愛知農総試との共同育成）
特徴 トマト黄化葉巻病に耐病性を持つファースト系トマト品種。重さは230g程度。形状はやや扁平で果実の先端が尖りやすく、子室数が多いファーストトマトの特徴を備える。

品種名 TYみそら86
適した作型 抑制、促成、半促成栽培
草勢 中強
作出社 みかど協和株式会社
特徴 果形は豊円形で、果重は220g前後の大玉品種。果実の揃いが非常によく、空洞果などの生理障害が少ない。食味は糖と酸味のバランスに優れる。

品種名 アニモTY-12
適した作型 越冬、夏秋、抑制、半促成栽培
草勢 中強
作出社 朝日工業株式会社、株式会社武蔵野種苗園
特徴 果重は200g前後で、果実の揃いがよい。果肉はピンク色で堅く、完熟出荷に向く。糖度が高く、適度な酸味があり食味に優れる。複合耐病性を持つため減農薬栽培が可能。

品種名 いちふく
適した作型 ハウス半促成、ハウス抑制栽培
草勢 中程度
作出社 カネコ種苗株式会社
特徴 腰高豊円な果形で、果重210gほどの大玉品種。果実の着色が極めて安定し、空洞果や尻腐れ果などの生理障害が少ない。高温時期における着果性が安定し、果実の揃いも優れる。

品種名 冠美
適した作型 雨よけ、抑制、促成栽培
草勢 やや強い
作出社 丸種株式会社
特徴 低段から上段まで、周年を通じて着果が安定した収量性の高い極早生トマト。収穫期後半まで衰えにくく、果実は色上がりのよい豊円腰高の美形で、果重は220g程度。裂果の少ない品種。

品種名 強力米寿
適した作型 夏秋雨よけ、露地栽培
草勢 旺盛
作出社 タキイ種苗株式会社
特徴 果実の形状は腰高で、果重は210g程度の夏秋栽培トマト品種である。酸味が強い、昔ながらの品種で、着果性に優れる。夏秋雨よけ栽培用、露地栽培用として家庭栽培などに適する。

品種名 ごほうび
適した作型 長期、促成、半促成栽培
草勢 やや強い
作出社 株式会社サカタのタネ
特徴 果形は豊円腰高で、玉揃いや果実の着色がよく食味にも優れる品種である。果肉は硬いので日持ち性もよい。早生品種でスタミナがあるため、長期栽培などに向く。

品種名 彩果
適した作型 無加温雨よけ、長期、促成、半促成栽培
草勢 強いが栽培管理しやすい
作出社 トキタ種苗株式会社
特徴 腰高豊円果で、200～230gの大玉品種。果実の揃いもよく多収で、空洞果、すじ腐れ果、変形果が少ない。果肉は粘質で硬いので日持ちがよい。また、糖と酸味のバランスがよく食味が優れる。

第3章 日本のトマト

品種名 サターン
適した作型 夏秋雨よけ栽培
草勢 強い
作出社 タキイ種苗株式会社
特徴 果形は豊円で、果重240g程度で食味が優れる極早生品種である。暑い時期においても着果性がよい。第1果房はホルモン処理などで確実に結実させることが重要である。

品種名 サンロード
適した作型 夏秋、半促成栽培
草勢 極めて強い
作出社 株式会社サカタのタネ
特徴 果形は腰高で、果重は150〜250gの大果品種。果実の色は桃色で、食味や日持ち性に優れる。果実の揃いもよく、裂果が少ない。複合耐病性を持つため、減農薬栽培が可能な品種。

トマトのひみつ 1

果実の成熟を遅らせて、「棚持ち」をよくするトマト

　トマトには、果実が成熟しても軟化しにくい変異体が知られている。これらの系統は、トマト果実の鮮度を保つための、いわゆる「棚持ち」のよい品種を育成するのに利用されている。トマトとしては世界初となる遺伝子組み換え作物としてアメリカで販売された'フレーバーセーバー'は、これらの系統を利用して開発されている（金山、2007年）。

品種名 秀麗
適した作型 促成、半促成栽培
草勢 やや強い
作出社 株式会社サカタのタネ
特徴 豊円腰高で、果肉は硬く日持ちに優れる。果色や着色がよく食味も優れる。早生品種でチャック果、窓あき果、すじ腐れ果の生理障害果の発生が少ない。抑制、夏秋栽培も可能。

品種名 瑞栄
適した作型 夏秋抑制栽培
草勢 中程度
作出社 株式会社サカタのタネ
特徴 果形は丸く、着果性に優れ、肥大性もよいため、家庭菜園に適する。生育力が強く、病気に強いため、低農薬栽培が可能である。

品種名 スーパーファースト
適した作型 促成、半促成栽培
草勢 やや強い
作出社 愛三種苗株式会社
特徴 着果、肥大性が良好なファースト系トマト。果重は平均230～250gほど。低温期に先端部が尖り、果色は濃赤桃色で食味が優れる。小葉は小さく採光性に優れ、子室数が多く空洞果になりにくい。

品種名 大安吉日
適した作型 ハウス促成、ハウス半促成、ハウス抑制栽培
草勢 初期に強く、中盤以降はおとなしくなりやすい
作出社 ナント種苗株式会社
特徴 果実は、220g程度の大玉品種。果実の肥大性があり、極早生で糖度が高く、酸味もあるため、食味にも優れる。肉質は非常に硬く、花落ち部は小さく、ベースグリーンはやや濃いめ。

第3章 日本のトマト

品種名 ハウス桃太郎
適した作型 ハウス促成、半促成、抑制栽培
草勢 中程度
作出社 タキイ種苗株式会社
特徴 果形は腰高で、果重は200〜210g。花痕部はやや尖る。着果・果実揃いに優れ、長期生育に安定している。接ぎ木では、Tm弱毒ウイルスの接種、感受性品種との混植は避けること。

品種名 パルト
適した作型 夏秋栽培
草勢 中程度
作出社 株式会社サカタのタネ
特徴 単為結果性があり、着果が安定しているため、受粉作業が不要。栽培後半までスタミナがある。果実は豊円で、果色に優れ、硬玉で日持ち性もよい。裂果の発生が少なく、赤熟収穫が可能。

品種名 華美
適した作型 夏秋雨よけ、抑制、促成栽培
草勢 やや強め
作出社 丸種株式会社
特徴 硬玉の早生品種で、周年を通じて糖度は高めで安定し、酸味とのバランスもよく、食味に秀でたトマトです。着果は上節位まで安定しており、花数は中位で必要以上の着果負担がかかりにくい。

品種名 風林火山
適した作型 ハウス促成、ハウス半促成栽培
草勢 中強程度
作出社 ナント種苗株式会社
特徴 果皮は濃い赤桃色で、やや甲高な豊円形。肉質は非常に硬い。また、低日照期でも着果数が確保しやすく、極早生で収穫段数回転が早いため、短期作でも高い収量が期待できる。

品種名	豊作祈願 1103
適した作型	無加温雨よけ、長期越冬、抑制、促成、半促成栽培
草勢	強い
作出社	トキタ種苗株式会社
特徴	極めて早生で、花数が多く、1段目の着果性がよいため、高い収量性に期待できる品種。節間が短く誘引が容易。果形は豊円で果重240g前後。食味もよい。

品種名	ホーム桃太郎EX
適した作型	夏秋雨よけ栽培
草勢	中強
作出社	タキイ種苗株式会社
特徴	果形は豊円で、果重は210〜220gの大玉品種。家庭菜園の夏秋栽培に最適で、複合耐病虫性を持つため、減農薬栽培が可能。また、硬玉なため樹上完熟で収穫することができる。

品種名	桃太郎
適した作型	夏秋雨よけ、ハウス半促成、ハウス抑制栽培
草勢	強い
作出社	タキイ種苗株式会社
特徴	果形は腰高豊円形で、果重200g程度。高温期に生育が旺盛になりやすく、異常茎や窓あき果、空洞果、心腐れ果が発生しやすいため、初期生育を抑え気味にして過繁茂を避ける必要がある。

品種名	桃太郎ギフト
適した作型	夏秋雨よけ、ハウス抑制栽培
草勢	強い
作出社	タキイ種苗株式会社
特徴	果形は豊円の多肉質で、果実の子室数は平均7.5室。糖と酸味のバランスに優れた食味のよい品種。果実の色は濃い桃色で硬く、日持ち性も優れる。

第3章 日本のトマト

品種名 桃太郎グランデ
適した作型 ハウス抑制栽培
草勢 中強
作出社 タキイ種苗株式会社
特徴 豊円な果形で、果重は220g程度。果肉は硬く、高温期出荷でも日持ちに優れる。青枯病の耐病性を保有するが、発生の多い地域では接ぎ木が必要。高温乾燥期に尻腐れ果などが増えるため、カルシウムを施用すること。

トマトのひみつ 2

「わき芽摘み」をしなくても、安定して結実させるトマト

　生食用品種の多くは支柱を使って栽培を行い、花房の発育を充実させるためには余分なわき芽を取り除く作業が必要になるが、その作業は頻繁で多くの労力を必要とする。

　そこで、わき芽の発生や発達を抑制する無側枝性に関与する遺伝子が1951年にライトらによって栽培種から発見され、ブラウンにより遺伝子記号が付与された。今後この遺伝子の利用が検討されている（伊藤、1991年）。

品種名	桃太郎サニー
適した作型	夏秋雨よけ、ハウス半促成栽培
草勢	おとなしい
作出社	タキイ種苗株式会社

特徴　果形は豊円で子室数は平均6室。果重は約220gの大玉になる。上段果房での空洞果の発生がやや多いため、注意が必要。熟期は早生で、果色は濃桃色。硬さや日持ち性に優れ、市場性が高い。

品種名	桃太郎なつみ
適した作型	夏秋雨よけ、ハウス抑制栽培
草勢	強い
作出社	タキイ種苗株式会社

特徴　果形は腰高で豊円、果重は約210gの大玉品種。やや甘みを抑えた酸味のある食味で、果実が硬く日持ち性に優れる。低温や窒素過多で発生が増えるチャック果や窓あき果の発生が少ない。

品種名	桃太郎はるか
適した作型	促成栽培
草勢	中程度
作出社	タキイ種苗株式会社

特徴　果形は豊円で果重220g程度の大玉品種。生育が旺盛で、節間がやや長い。また、低温・少日照下での果実の肥大力が安定し、低温伸長性に優れる。

品種名	桃太郎ピース
適した作型	ハウス促成、ハウス半促成、ハウス抑制栽培
草勢	中程度
作出社	タキイ種苗株式会社

特徴　果形は腰高豊円で、果重220g程度の大玉品種。高温期に発生しやすい裂果が少なく、果肉は硬く、日持ち性に優れる。短節間で管理しやすい。水分要求量が多いため、こまめな潅水が必要。

第3章 日本のトマト

品種名 桃太郎ファイト
適した作型 ハウス抑制、ハウス半促成、夏秋雨よけ栽培
草勢 中強
作出社 タキイ種苗株式会社
特徴 果形は腰高で、果重約210gの大玉品種。子室数は平均6室で、果実の揃いがよい。また、果肉は硬く日持ち性があり、糖度は高く食味に優れるなどの特徴がある。

品種名 桃太郎ホープ
適した作型 長期促成、半促成栽培
草勢 強い
作出社 タキイ種苗株式会社
特徴 腰高で豊円な果形で、210g程度。花数が多く、大きな花が咲くので、着果が安定し、収量も多い。また、果肉は硬く、すじ腐れ、肩部の黄色化が少ない。

品種名 桃太郎ヨーク
適した作型 ハウス半促成、ハウス抑制栽培
草勢 中程度
作出社 タキイ種苗株式会社
特徴 果形は腰高豊円で、果重は220～230g程度の大玉品種。花の質、花持ちがよいため、高温時期の着果性に優れる。低段からの肥大にも優れるため、低段密植栽培がしやすい。また果肉の硬さも特徴。

品種名 りんか409
適した作型 夏秋栽培、抑制栽培
草勢 中程度
作出社 株式会社サカタのタネ
特徴 果形は豊円腰高で、果肉は硬く日持ち性のよい大玉品種。また、高温期でも果色、着色が優れている。空洞果、すじ腐れ果などの生理障害の発生も少ない。半促成栽培にも向く。

品種名 ルネッサンス
適した作型 促成、半促成栽培
草勢 やや弱い
作出社 株式会社サカタのタネ
特徴 果形は丸型で、果重は150〜160g、低温期には先端部が尖るファースト系品種。単為結果性なので着果ホルモンは不要。耐肥性は小さいため、根傷みの少ない有機質肥料での栽培が適する。

品種名 麗夏
適した作型 夏秋栽培
草勢 強い
作出社 株式会社サカタのタネ
特徴 果重は220g前後で、生育旺盛で病気に強く、着果性にも優れた大玉トマト。果肉は非常に硬く、しっかりとしているため日持ち性がよく、果実の割れはほとんど発生しない。

品種名 麗月
適した作型 促成、半促成栽培
草勢 中程度
作出社 株式会社サカタのタネ
特徴 形は豊円で、玉揃いや果実の着色がよく食味のよい品種。果肉は硬いので日持ち性も優れる。早生でスタミナがあるので、長期間栽培にも向く。

品種名 麗旬
適した作型 抑制、促成栽培
草勢 中程度
作出社 株式会社サカタのタネ
特徴 果実は豊円腰高で果色・色まわりに優れ、極硬玉で日持ち性がよい。裂果の発生が少なく、赤熟出荷が可能。早生で栽培の後半までスタミナがあり、チャック果、窓あき果、空洞果、すじ腐れ果の発生が少ない。

第3章 日本のトマト

品種名 麗容
適した作型 促成、半促成栽培
草勢 やや強い
作出社 株式会社サカタのタネ
特徴 豊円腰高で、果肉が硬く日持ち性がよく、果色、着色にも優れる。甘みと酸味のバランスがよく食味も良好。早生品種で、栽培後半までスタミナがあり、チャック果、窓あき果、空洞果、すじ腐れ果の発生が少ない。

品種名 ろくさんまる
適した作型 半促成、促成、抑制栽培
草勢 中程度
作出社 株式会社サカタのタネ
特徴 果形は豊円腰高で、果肉は極めて硬く、小葉が大きくないため採光性に優れ、花の質は寒暖の差はなく安定している。ビニルハウスや温室などで長期間栽培できる品種で、耐暑性や耐寒性が大きい。

トマトのひみつ 3

ジョイントレス形質を持つトマト

　加工用トマトでは、原料にする際にがくの部分が混入すると製品の品質劣化を招くので問題となる。
　そこで、果柄に離層のないジョイントレス形質を持つ品種を用いることで、へたから果実が容易にはずれて果実のみを収穫できる。ジョイントレス形質を持つ品種育成には、果柄に離層がない遺伝子を持つ系統が利用されている。

■ 中玉トマト ■

品種名 カンパリ
適した作型 夏秋雨よけ（無加温）、促成栽培
草勢 やや強い
作出社 有限会社ベストクロップ（販売）、エンザ社（育成）
特徴 1990年代にオランダから日本へ初めて導入された中玉トマト。欧米では房どり収穫用として普及し、日本では個どりでの栽培も行われる。裂果が少なく、複合耐病性を持ち、各作型での栽培が可能である。

品種名 フルティカ
適した作型 促成、半促成、ハウス抑制栽培
草勢 生育初期の草勢がやや強い
作出社 タキイ種苗株式会社
特徴 果重40〜50g、糖度は7〜8度で、果肉は滑らかで弾力性があり、食感のよい品種。果皮は薄くて口に残りにくく、ゼリーの飛び出しが少ない。果皮、果肉に弾力性があり裂果も少ない。

品種名 レッドオーレ
適した作型 促成栽培
草勢 中程度
作出社 カネコ種苗株式会社
特徴 果重50g程度の中玉トマト。果実は赤色で食感が柔らかく食味に優れる。果実の揃いがよい。各作型での栽培が可能である。

品種名 レッドボレロ
適した作型 夏秋雨よけ、ハウス抑制栽培
草勢 中強
作出社 カネコ種苗株式会社
特徴 果重35〜40gくらいの中玉トマト。果色は濃赤色、糖度が高く食味は良好。収穫後半までスタミナがあり、1花房当たりの平均着果数は8〜12果程度。

第3章 日本のトマト

品種名 ワンダーボール50
適した作型 早熟、雨よけ、露地、抑制、促成栽培
草勢 中位
作出社 丸種種苗株式会社
特徴 房どりも可能な果実50g前後の球型で、完熟果でも裂果が少なく、糖度は高く安定し、食味も抜群。節間は短めで着果性に優れており、露地栽培でも作りやすく、葉かび病、生理障害にも強い品種。

トマトのひみつ ❹

受粉しなくても、結実させるトマト

　トマトの施設栽培では、極端な気温の高低、訪花昆虫の減少によって受粉や受精が十分に行われない場合が多く、それらを確実に行うため、開花時の花に振動を与えたり、4-CPA（商品名：トマトトーン）などの処理を行い、人為的に単為結果を生じさせている。しかし、多大な労力が必要なことからマルハナバチによる受粉も行われている。

　近年では単為結果性の遺伝子を持つ系統を用いて、マルハナバチに頼らずに、受粉や受精をしなくても果実が着果、肥大する単為結果性品種が育成されている。

■ミニトマト■

|品種名| AMS-100

|適した作型| 夏秋雨よけ（無加温）、半促成、ハウス促成、ハウス抑制栽培

|草勢| やや大人しい

|作出社| 朝日工業株式会社、株式会社武蔵野種苗園

|特徴| 果実は15g前後でよく揃い、着果も優れる品種で、裂果が少なく可販果率が高いため、収穫作業が容易。果色は鮮明な赤色でつやがあり、異常茎が発生しにくい品種。

|品種名| CF プチぷよ

|適した作型| 促成、半促成、ハウス抑制栽培

|草勢| 生育初期の草勢がやや強い

|作出社| 株式会社渡辺採種場

|特徴| 果皮が極めて薄くやわらかい、新食感のミニトマト。果実は赤色で、強い光沢がある。一般品種に比べ葉質もやわらかい。強風や高圧での農薬散布による果皮の擦り傷に注意が必要。

|品種名| アイコ

|適した作型| 促成、夏秋、抑制栽培

|草勢| ややおとなしい

|作出社| 株式会社サカタのタネ

|特徴| 果形は細長い卵形、果実は明赤色で果肉が厚くゼリーが少なく、なめらかで食味がよい。耐病性、収量性に優れ、裂果が少ない。節間が伸びやすく、長段栽培では斜め誘引が望ましい。

|品種名| サンチェリーピュアプラス

|適した作型| 夏秋雨よけ、ハウス抑制栽培

|草勢| 強い

|作出社| トキタ種苗株式会社

|特徴| 果重16g前後で、裂果に強い品種。草勢は強いが花芽形成は良好で、1段目の花芽形成が既存品種より1～2段早く、10日ほど早く収穫を始められる。葉が小さく、誘引やホルモン処理がしやすい。果房当たり20～35果で高温下の着果もよい。

第3章 日本のトマト

品種名　スーパーなつめっ娘
適した作型　早熟、雨よけ、露地、抑制、促成栽培
草勢　中強
作出社　丸種株式会社
特徴　黄化葉巻病耐病性品種としては糖度が高く、8度以上が可能な品種。節間は中位で、誘引管理が容易な草姿。着果は上節位まで安定しており、極端な多花にならないため摘果の必要は少ない。

品種名　プレミアムルビー
適した作型　夏秋雨よけ栽培
草勢　中程度
作出社　カネコ種苗株式会社
特徴　平均果重15〜20gほどでよく揃い、裂果が少ない。低段花房はシングル性が強いが中段以降は複花房も発生する。酸味と甘さのバランスに優れ、果肉がしっかりしているため食べ応えがある品種。

品種名　べにすずめ
適した作型　露地栽培
草勢　生育初期はおとなしい
作出社　公益財団法人園芸植物育種研究所
特徴　濃赤色で光沢があり、果重は15〜20g。揃いもよい極早生の品種。単為結果性なので自然着果し、着果ホルモン処理、マルハナバチが不要。糖度が高く、裂果が少ない多収性品種。

品種名　ミニキャロル
適した作型　促成、半促成、夏秋栽培
草勢　やや強い
作出社　株式会社サカタのタネ
特徴　豊円形で、果重は15〜20g。着果性は極めて高く、果皮と果肉の硬さのバランスがよく、ゼリーの飛び出しが少ない。糖度は8度前後で安定し食味が優れる。極早生で初期生育が優れる。

品種名　ラブリーさくら

適した作型　夏秋、促成、半促成栽培

草勢　中強

作出社　みかど協和株式会社

特徴　果色は鮮赤色、果重は 15 ～ 20g 前後で小果が少ない。裂果率が低く、小葉で異常茎が出にくいため栽培管理が容易。ただし、低温期には先尖り果が発生するため注意が必要。

品種名　千果 99

適した作型　ハウス抑制、促成栽培

草勢　中強

作出社　タキイ種苗株式会社

特徴　果形は球形で、果重は 15 ～ 20g。果実は濃い赤色で、糖度と酸味のバランスがよく、肉質も緻密。極早生種で低温期の収量に優れ、年間を通じて安定した一定の収量が見込める。

品種名　エコスイート

適した作型　周年栽培

草勢　ややおとなしい

作出社　愛三種苗株式会社

特徴　単為結果性を持つためホルモン処理もマルハナバチも不要な省力的品種。裂果に強く、果実はツヤがあり、濃赤色で 20g 前後の球形となる。甘みが強く酸味があり、果皮も薄いため非常に食べやすい。

品種名　ルビーラッシュ

適した作型　促成、長期越冬栽培

草勢　中強

作出社　カネコ種苗株式会社

特徴　果色や光沢に優れ、酸味が少なく揃いのよい品種。花房はダブルだが、花数が極端に増えず、小果・くず果の発生が少ない。草勢はやや強めで、めがね症状や心止まりの発生が少ない品種。

第3章 日本のトマト

■加工用トマト■

品種名 ティオ・クック
適した作型 夏秋雨よけ栽培
草勢 中程度
作出社 タキイ種苗株式会社
特徴 果形は縦長で、果重は70〜80gの赤色の調理用トマト。中生品種で果肉が厚く、煮炊きしても煮崩れしない。果実の子室数は2〜3室。果皮が硬いので日持ち性にも優れる。

品種名 クックゴールド
適した作型 夏秋雨よけ栽培
草勢 中程度
作出社 タキイ種苗株式会社
特徴 果重は120g程度、果色がオレンジ色で肉厚な、生食・調理両用可能なプラム型トマト。栽培が容易で、着果も安定し多収が見込める。1果房当たり6〜8個着果する。

品種名 すずこま
適した作型 早熟、雨よけ、露地、抑制、促成栽培
草勢 中位（心止まり型）
作出社 丸種株式会社
特徴 果実は50g前後となる球形の加熱調理向き品種。房取りも可能。完熟果でも裂果少なく糖度高く安定し、食味は良好。節間は短めで着果性に優れており、生理障害にも強い。

トマトのひみつ 5

房ごと収穫が可能なミニトマト

　ハウスでの長期栽培の場合、つる下げを行う。この作業は多大な労力を必要とするので、これらの作業の軽減化が求められている。そこで、節間が短くなる、短節間遺伝子を持つ系統を付与したミニトマト品種が育成されている。

日本品種 耐病性一覧表

大玉トマト

品種名	耐病性										ネコブセンチュウ（N）	おすすめの作型
	萎凋病（レース1）	萎凋病（レース2）	根腐萎凋病	半身萎凋病	褐色根腐病（K）	青枯病（B）	斑点病（LS）	葉かび病（Cf）	トマト・モザイクウイルス病（ToMV）	黄化葉巻イスラエル型（TYLCV）	黄化葉巻マイルド型（TYLCV）		
有彩-014	○	○	○	○	×	×	×	○	Tm-2ᵃ	○	○	○	抑制、半促成、夏秋雨よけ、長期
有彩-017	○	○	○	○	×	×	×	○	Tm-2ᵃ	○	○	○	長期、抑制、半促成、夏秋雨よけ
Cf優福	○	○	×	○	×	×	○	○	Tm-2ᵃ	×	×	○	夏秋雨よけ、ハウス抑制
TYファースト	○	×	○	○	×	×	×	×	Tm-2ᵃ	△	○	×	促成
TYみそら86	○	○	×	○	×	×	×	×	Tm-2ᵃ	○	○	○	促成、抑制、半促成
アニモTY-12	○	○	○	○	×	×	×	○	Tm-2ᵃ	○	○	○	越冬、夏秋、抑制、半促成
いちふく	○	○	×	○	×	×	×	×	Tm-2ᵃ	×	×	○	ハウス半促成、促成
冠美	○	○	×	○	×	×	×	○	Tm-2ᵃ	×	×	×	雨よけ、抑制、促成
強力米寿	○	×	×	×	×	×	×	×	Tm-1			×	夏秋雨よけ、露地
ごほうび	○	○	×	○	×	×	×	×	Tm-2ᵃ	×	×	○	長期、促成、半促成
彩果	○	×	×	×	○	×	○	○	Tm-2ᵃ	×	×	○	無加温雨よけ、長期、促成、半促成
サターン	○	×	○	○	×	×	○	×	Tm-1			○	夏秋雨よけ
サンロード	○	×	○	○	○	×	○	×	Tm-2、Tm-1ヘテロ	×	×	○	夏秋、半促成
秀麗	○	×	×	○	×	×	×	○	Tm-2ᵃ	○	○	○	促成、半促成
瑞栄	○	×	×	○	×	×	×	○	Tm-2ᵃ	×	×	○	夏秋抑制
スーパーファースト	○	×	○	○	×	×	×	×	Tm-2ᵃ	×	×	○	促成、半促成
大安吉日	○	×	×	○	×	×	×	×	Tm-2ᵃ	○	○	○	ハウス促成、ハウス半促成、ハウス抑制
ハウス桃太郎	○	×	×	○	×	×	×	×	Tm-2ᵃ	×	×	○	ハウス促成、半促成、抑制
パルト	○	×	×	○	×	×	×	×	Tm-2ᵃ	×	×	○	夏秋
華美	○	×	×	○	×	×	△	×	Tm-2ᵃ	×	×	○	夏秋雨よけ、抑制、促成
風林火山	○	○	×	○	×	×	×	○	Tm-2ᵃ	○	○	○	ハウス促成、ハウス半促成
豊作祈願1103	○	○	○	○	×	×	×	○	Tm-2ᵃ	○	○	×	無加温雨よけ、長期越冬、抑制、促成、半促成
ホーム桃太郎EX	○	×	×	○	×	×	×	×	Tm-2ᵃ	×	×	○	夏秋雨よけ
桃太郎	○	×	×	○	×	×	×	×	Tm-1			○	夏秋雨よけ、ハウス半促成、ハウス抑制
桃太郎ギフト	○	×	×	○	×	×	×	×	Tm-2ᵃ	×	×	○	夏秋雨よけ、ハウス抑制
桃太郎グランデ	○	×	×	○	×	×	×	×	Tm-2ᵃ	×	×	○	ハウス抑制
桃太郎サニー	○	×	×	○	×	×	×	×	Tm-2ᵃ	×	×	○	夏秋雨よけ、ハウス半促成
桃太郎なつみ	○	×	×	○	×	×	×	×	Tm-2ᵃ	×	×	○	夏秋雨よけ、ハウス半促成
桃太郎はるか	○	×	×	○	×	×	×	×	Tm-2ᵃ	×	×	○	促成
桃太郎ピース	○	○	×	○	×	×	×	×	Tm-2ᵃ	×	×	○	ハウス促成、ハウス半促成、ハウス抑制
桃太郎ファイト	○	×	×	○	×	×	×	×	Tm-2ᵃ	×	×	○	ハウス抑制、ハウス半促成、夏秋雨よけ
桃太郎ホープ	○	×	×	○	×	×	×	×	Tm-2ᵃ	×	×	○	長期促成、半促成
桃太郎ヨーク	○	×	×	○	×	×	×	×	Tm-2ᵃ	×	×	○	ハウス半促成、ハウス抑制
りんか409	○	×	×	○	×	×	○	×	Tm-2ᵃ	×	×	○	夏秋、抑制
ルネッサンス	○	×	×	○	×	×	×	×	Tm-2ᵃ	×	×	×	促成、半促成
麗夏	○	×	×	○	×	×	×	×	Tm-2ᵃ	×	×	○	夏秋
麗月	○	○	×	○	×	×	×	×	Tm-2ᵃ	×	×	○	促成、半促成
麗旬	○	○	×	○	×	×	×	×	Tm-2ᵃ	○	○	○	抑制、促成
麗容	○	×	×	○	×	×	×	×	Tm-2ᵃ	×	×	○	促成、半促成
ろくさんまる	○	○	○	○	×	×	×	×	Tm-2ᵃ	×	×	○	半促成、促成、抑制

第3章 日本のトマト

中玉トマト

品種名	耐病性											ネコブセンチュウ（N）
	萎凋病（レース1）	萎凋病（レース2）	根腐萎凋病	半身萎凋病	褐色根腐病（K）	青枯病（B）	斑点病（LS）	葉かび病（Cf）	トマト・モザイクウイルス病（ToMV）	黄化葉巻イスラエル型（TYLCV）	黄化葉巻マイルド型（TYLCV）	
カンパリ	○	○	○	○	×	×	×	×	Tm-2^a	×	×	○
フルティカ	×	×	×	×	×	×	○	○	Tm-2^a	×	×	○
レッドオーレ	○	×	×	×	×	×	×	×	Tm-2^a	×	×	○
レッドボレロ	○	○	×	×	○	×	×	×	Tm-2^a	×	×	○
ワンダーボール50	○	○	○	○	×	×	×	×	Tm-2^a	×	×	○

ミニトマト

品種名	耐病性											ネコブセンチュウ（N）	備考	
	萎凋病（レース1）	萎凋病（レース2）	根腐萎凋病	半身萎凋病	褐色根腐病（K）	青枯病（B）	斑点病（LS）	葉かび病（Cf）	トマト・モザイクウイルス病（ToMV）	黄化葉巻イスラエル型（TYLCV）	黄化葉巻マイルド型（TYLCV）		果色	果形
AMS-100	○	○	○	○	×	×	×	○	Tm-2^a	○	○	○	赤	球
Cfプチぷよ	×	×	×	×	×	×	×	○	Tm-1	×	×	×	赤	球
アイコ	○	○	×	×	×	×	○	×	Tm-2^a	×	×	×	赤	プラム
サンチェリーピュアプラス	○	×	×	×	×	×	×	○	Tm-2^a	×	×	×	赤	球
スーパーなつめっ娘	×	×	×	×	×	×	×	×	Tm-2^a	○	○	×	赤	プラム
プレミアムルビー	○	×	×	○	×	×	○	×	Tm-2^a	×	×	×	赤	球
べにすずめ	○	○	×	○	×	×	○	×	Tm-2^a	×	×	×	濃紅	球
ミニキャロル	○	×	×	×	×	×	×	×	Tm-2^a	×	×	×	濃紅	球
ラブリーさくら	○	○	×	○	×	×	×	×	Tm-2^a	×	×	×	赤	球
千果99	○	×	×	×	×	×	×	×	Tm-2^a	○	○	×	赤	球
エコスイート	×	×	×	×	×	×	○	○	Tm-2	×	×	×	赤	球
ルビーラッシュ	×	×	×	○	×	○	×	×	Tm-2^a	×	×	○	赤	球

加工用トマト

品種名	耐病性											ネコブセンチュウ（N）	おすすめの作型
	萎凋病（レース1）	萎凋病（レース2）	根腐萎凋病	半身萎凋病	褐色根腐病（K）	青枯病（B）	斑点病（LS）	葉かび病（Cf）	トマト・モザイクウイルス病（ToMV）	黄化葉巻イスラエル型（TYLCV）	黄化葉巻マイルド型（TYLCV）		
ティオクック	○	○	×	×	×	×	○	×	×	×	×	×	夏秋雨よけ
クックゴールド	○	×	×	×	×	×	×	×	Tm-2^a	×	×	×	夏秋雨よけ
すずこま	○	×	×	○	×	×	×	×	×	×	×	×	早熟、雨よけ、露地、抑制、促成

コラム3

日本で最初に栽培されたトマトは？
― 絵画から見たトマトの姿 ―

　日本で最初に描かれたトマトの絵は、徳川家綱のお抱え絵師だった狩野探幽によるものであるとされている。『草木花写生図鑑』（1668年）に描かれているトマトは、果実の形状が扁平で、果実の色が緑色、黄色、赤色と3色が描かれている。おそらくこれは果実の成熟段階を描いたものであると推察される。

　次に、果実の大きさだが、これは2～3cm程度で、現在販売されているトマトよりも小さかったようである。

　明治時代初期になると、観賞用として用いられたとされている。この品種を食用の観点から見た場合、糖度は4程度、酸味が非常に強く、ゼリーと種子が多いため、当時の日本人の嗜好には合わなかったことが想像できる。

狩野探幽が描いたトマト「唐なすび」と果実の大きさ、形状もほぼ同じの栽培トマト。この品種は非常に酸度が高く、いわゆる「トマト臭」が強い。果実は1花(果)房内に数個つくので観賞用として用いられた可能性が高い。
（玉川大学大学院農学研究科博士課程・小林孝至筆）

第4章

世界のトマト

様々な国で愛されているトマト。
世界ではどのようなトマトが栽培されているのか、
日本とは一味違う世界のトマトを一挙紹介。

世界のトマト事情

1. イタリアの品種

　世界でトマト栽培の歴史が最も古い国はイタリアである。イタリア系品種には北イタリアで発達した品種と、南イタリアの地中海沿岸で発達した品種がある（上村、1983年）。北イタリアでは、扁平で、大玉の品種が発達・分化しており、これらの品種は主に生食用としてサラダなどに利用された。その一方、南イタリアを中心に発達したのは円筒形または卵形の小さい果実をつける品種で、これらは加工用に用いられ、地中海諸国で広く栽培されることになった。

2. 加工用トマトの消費の下地

　トマトを初めて調理したのはオランダのドドエンスで、1593年に塩、コショウを使用して調理したとされる（森、1989年）。この頃から、イタリアなどの南ヨーロッパ諸国では、ケチャップとしてなどの利用が始まっており、加工用トマトを消費する下地ができていたようである。

南ヨーロッパで発達した生食用トマト品種
左から'ベルスター'（イタリアの品種）、'サンピエール'（フランスの品種）、'エマニュエルラローザ'（スペインの品種）

第4章 世界のトマト

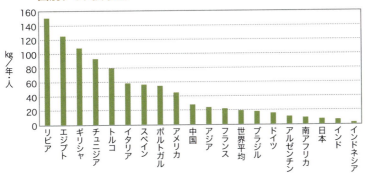

国別トマト摂取量

　国民1人当たりのトマト消費量が最も多いのはギリシャで、1年間に1人当たり130kgほど食べるといわれている。次にリビア、エジプト、イスラエル、レバノン、イタリア、トルコ、ポルトガル、スペインなどの地中海に面した国や、それに隣接した国である（FAO統計、2004年）。これらの国々では、トマトとオリーブオイルを用いて肉、魚、野菜料理を食べる習慣があるため、調理に向く品種が発達した。

3. 世界で最もトマトを食べる国

　世界で最も多くトマトを食べる国、ギリシャでは「イエミスタ」と呼ばれるトマト料理がある。ギリシャではギリシャ正教会の戒律もあり、肉食を禁じられる期間が長いため、野菜、なかでもトマトを使った料理が発達したといわれている。

　スペインやポルトガルでは「ガスパチョ」と呼ばれる、赤いトマトを入れた冷たいスープ料理が広く知られている。イタリアでは、小麦粉を練って作った麺類とトマトソースを合わせた「パスタ」や、平たく伸ばしたパン生地に赤いトマトを含んだ具材を載せて焼いた「ピザ」が有名であり、日本でも非常に馴染み深い人気料理である。このように、トマトの年間消費量の多い地中海諸国では、トマトソースをベースにした料理が非常に多い。

4. ジュース専用、加工・調理用トマト

　日本では、1986年（昭和61年）に始まった好景気に乗るようにしてイタリア料理ブームが起こり、1991年（平成3年）のバブル崩壊後も庶民に親しまれる手軽な料理として全国にイタリア料理店が開店した。1998年（平成10年）、リコペンが優れた活性酸素除去効果を示すことが世間に広まると、「健康志向」に応えるように「リコペンブーム」が到来し、トマトは「生活習慣病を予防する野菜」としてさらに注目されるようになった。このような中で、日本独自のケチャップ、ピューレおよびジュース用品種が発達した。これらの品種は加工品としての果実品質が優れ、日本の高温多湿な気候に適応し、収穫しやすいジョイントレス形質を備えている点などに特徴がある。

　トマト料理ブームは、サラダなどの生食用トマト、企業レベルによる加工用トマトに加え、消費者自身が加熱調理する「調理用トマト（クッキングトマト）」の発達を促した（小沢と佐藤、2000年）。調理用トマトの条件は、加熱後も水が出にくく粘りがあり、麺類に絡みやすく、炒めものや焼きものに適すること、加熱後も赤色をしていることが必要とされる。ギリシャなど、トマトを調理する国々では調理用品種は多いが、食生活の変化に応じて日本でも調理専用品種が育成されつつある。

**日本で育成された
ジュース向けの加工用トマト**
手取り収穫向けのジュース用品種 'NT604'（株式会社ナガノトマト育成）。

日本で育成された加工・調理用トマト
'ふりこま'（写真左）は、1983年に育成された手振るいで一挙に収穫できる、主にジュース向けの加工用品種（上村ら、1985年）。
'にたきこま'（写真右）は2004年に育成され、加熱調理時に、煮崩れしない加工調理特性に優れた品種（石井ら、2001年）。（いずれも、農林水産省野菜・茶業試験場・盛岡支場で育成。現在：独立行政法人農業・食品産業技術総合研究機構東北農業研究センター。岩手県盛岡市）

第4章 世界のトマト

5. 北ヨーロッパで発達したトマト

　緯度が高い北ヨーロッパ諸国では、南ヨーロッパと比べてトマト栽培に適した生育期間が短いため、ガラス室で支柱を立てて栽培し、収穫期間を延長する方法が考案された。

　その結果、光が少なくても生育でき、支柱仕立てにも耐えられるよう茎が太くて直立するものや、葉が混み入らない小葉を持つ品種が分化していった。これらの品種は赤色に加えて、見た目が美しい黄色や緑色、なかには白色や紫色に見える品種も発達した。様々な色をした果実は、調理用に混ぜると鮮やかな色にはならないので、サラダなどの生食用として食べられるようになったのである。

イギリスの品種
'サンベイビー'
イギリスの品種は、一般に早生で温室栽培に適するように改良され、多くは人工授粉を行わなくても結実率が良い。果実は小型で結果数は多く、日本の品種改良の基になった品種が多い。

ドイツの品種
'インディッシュフレイシュ'
一般に早生で、草丈は伸びない品種が多い。小型または中型の果実をつけ寒冷地方での栽培に適する。

6. アメリカのトマト

　アメリカにおける本格的なトマト栽培は、1771年にバージニア州のトマス・ジェファーソンの記録として残っている。その後、1790年代にフィラデルフィア、1802年にマサチューセッツ州で作りはじめたといわれているが、急速に発達したのは19世紀以降であった。その際、ヨーロッパから多くの品種が持ち込まれ、栽培されるようになった。

アメリカの品種
'レッドジョージア'
アメリカでは、ヨーロッパから集められた品種を基にして様々な品種が育成されていった。

トマトが市場で売られるようになったのは、1820年代から1830年代に東部のニューヨーク、ボストン、ボルチモア、シンシナティなどの大都市からだといわれている。

7. アメリカ開拓とともに品種が増加

アメリカの開拓初期はトマトの品種数はごくわずかで、カタログにも滅多に記載されないほどであった。1780年代初期、トマス・ジェファーソンはフランスからトマト種子を導入し、1820年代にはメキシコから赤色や黄色の大きさが異なる品種も導入した。トマス・ジェファーソンが初期に導入した品種は、一般品種よりも非常に大きいものだったが、わい性で現在のチェリートマトに相当する品種も栽培していた。

その後、各国から様々な品種が導入・改良され、1840年以降は果実の大きさや果色が異なる品種の他、果形が洋ナシ形、イチジク形、卵形のものや、房状に果実をつける品種などが分化していった。

8. トマトの果色

栽培トマトの果色は一般には赤色や桃色だが、黄色や白色、緑色のものもある。この色調は品質を表現するものとして消費者に重視されており、また加工用原料としては、この点に重大な関心が払われている。その色素はリコペン、β-カロテン、クロロフィル、キサントフィル類などにより発現するが、見かけ上の果色は、果実表面の果皮（外果皮）と、食している部分の果肉（中果皮）に含まれる色素の違いと、果皮色と果肉色の組み合わせで決まる。

野生種トマトが栽培トマトへと栽培化した過程でみると、果実が熟した時に赤色や黄色になる「着色種」では、果皮は赤色、果肉は桃色なので見かけ上の果色は赤色となる。熟した時に緑色の「緑熟種」では、果皮は無色か緑色、果肉は緑色なので見かけ上の果色は緑色となる。栽培

第4章 世界のトマト

トマトの果皮色と果肉色の組み合わせ一覧表

		果肉色				
		無色	緑色	黄色	桃色	赤色
果皮色	無色	白トマト	緑色トマト	黄色トマト	桃色トマト	赤色トマト
	黄色	淡い黄色トマト	淡い緑色トマト	黄色トマト	橙色トマト	赤色トマト
	赤色	桃色トマト	赤茶色トマト	明るい橙色トマト	赤色トマト	濃い赤色トマト

化の過程で、野生種トマトの果皮色に赤色、黄色、無色の変異が出現し、果肉にも赤色、桃色、黄色、緑色、無色の変異が現れた。その結果、これらの組み合わせで見かけ上の果色は赤色、橙色、赤茶色、桃色、黄色、緑色、白色へと変化していったのである。

9. 色彩学的に見た、色の好み

　アメリカの心理学者であるビレンは、赤色やオレンジ色が特に食欲をそそる色だとしている。したがって、トマトの赤色は食欲をそそる色ということになる。ゲーテは『色彩論』（1810年）の中で赤色や黄色は、灼熱の色と沈みゆく太陽のやわらかい反照を代表する色であるとし、少しでも赤色や黄色が周囲にあれば、人々の気分は高揚すると述べた。イギリス人とドイツ人は「麦わら色」に淡い黄色があると満足し、フランス人は従来の色に赤味を増した黄色を好む傾向があるとしている。アメリカの先住民族、チェロキー族にとって赤色は成功と勝利を意味し嗜好色のランキングでもトップである（ビレン、1978年）。
　トマトの果色の好みに国柄があるかは今後実証する必要があるが、各国の地域で100年以上に渡って栽培されてきたトマトには、独自の色、形を持った品種が多い。16世紀にトマトがヨーロッパに渡った当初は、美しい果実を愛でるための「観賞用」として栽培された経緯があるため、栽培したい色や形に各地域の好みが反映されていた可能性もある。

トマト品種図鑑 世界品種

アメリカの品種

品種名 Amana Orange
栽培国 アメリカ
特徴 1980年代に発表された品種で、果実は300g程度で大きく壁が多い。完熟果は橙色かつ多肉質で、果肉は非常にやわらかく、甘い香りがする。日本では葉かび病が生じやすく露地では育てにくい。スライスにしてサラダなどの生食用に用いる。

品種名 Aunt Ruby's German Green
栽培国 アメリカ
特徴 1990年代にドイツからアメリカにもたらされ、発表された品種。果実の形状は扁平で、果重300～400gの大果となる品種。果実の色は淡い緑味がかった黄色で、甘い香りがする。スライスにして生食に用いることが多い。

品種名 Banana Legs
栽培国 アメリカ
特徴 バナナに似た形状で、長さ7～10cm、横断面3～4cmとなる。果色は明るい黄色で、長期に渡る収穫が可能。多肉質で種子が少なく、熟すとミカンの香り(シトラールを含む可能性がある)がする。生食用の他、ソースとしても用いる。

品種名 Basinga
栽培国 アメリカ
特徴 果実の形状はやや扁平で、果重は300g以上になる。果実の色は淡い黄色で、スライスにしてサラダなどの生食用に用いる。果肉部が多くゼリー部が少ない傾向がある。種子数が少ない。日本ではやや収量が少ない品種である。

品種名 Brandywine
栽培国 アメリカ
特徴 1800年代にジョンソン&ストークス商会のカタログに記載されている古い品種。果重280g程度で、葉はポテトリーフ状。完熟果はピンク味がかった赤色で、多肉質で香りがある。多肉質な果実の品種を育成するための交配親として用いられている。

第4章 世界のトマト

品種名 Caro Rich
栽培国 アメリカ
特徴 1973年、パデュー大学で'カロレッド'を基にして育成された品種。果重250〜350g。果実はオレンジ色で、β-カロテンの含量が他の品種よりも平均で10倍あり、酸味が少ない。

品種名 Ceylon
栽培国 アメリカ
特徴 扁平な形状で、果径は4〜8cm。メキシコの野生種トマト var.*cerasiforme* に似る。スライスしてサラダに用いる他、ソースにも使う。日本で栽培するとやや収量が少なくなる。

品種名 Cherokee Purple
栽培国 アメリカ
特徴 アメリカの先住民族チェロキー族が100年以上前から栽培していたといわれている品種。果重200〜300gで完熟果は赤く、肩の部分が緑色となり、ひだが発達する。また、ゼリー部が少なく果肉が多く、やわらかい。

品種名 Dutchman
栽培国 アメリカ
特徴 球形で、果重400gの大果となる。果実の色は赤色がかったピンク色で果肉が非常にやわらかく、香りも優れており、酸味は少ない。日本で栽培する場合、収量が低くなる品種である。

品種名 Giant Belgium
栽培国 アメリカ
特徴 果実は球形で、重さは300〜400g。多肉質でゼリー部、種子が少ない。日本で栽培した場合、収量が少なくなる。果肉は濃い赤色で、料理用、缶詰用に用いられる。

品種名 Giant Syrian
栽培国 アメリカ
特徴 ややハート型をした果実で、重さは300〜400g。完熟果の果色はピンク色で果肉はやわらかく、ゼリー部が少なくて、多肉質である。スライスしてサンドイッチとして食す他、ソース用にも用いられる。

品種名　Hillbilly
栽培国　アメリカ
特徴　果径にひだが入っており、多肉質。果重300〜400gの大果で黄色みがかった赤色である。食味が一定せず、基本的には甘く酸味が少ない。スライスにしてサラダなどの生食用に用いる。

品種名　Jersey Devil
栽培国　アメリカ
特徴　果実の形状が独特で、細長く先端部が尖る。明るい赤色で結実率もよいが、種子数が少なく空洞果になりやすい。水分含量も少ないので缶詰やペーストなど調理用として加工に用いる。

品種名　Marizol Bratka
栽培国　アメリカ
特徴　'ブランディーワイン'に'マリゾールパープル'を交配し、育成された。葉はポテトリーフ状で、果径は20cm近くになることもある。多肉質かつ多汁で酸味が少ないのでサラダなどに用いられる。

品種名　Persimmon Oragne
栽培国　アメリカ
特徴　1781年にトマス・ジェファーソンが栽培したといわれる。果実は300g以上になり、完熟果は鮮やかなオレンジ色。多肉質、多汁で種子が少なく、香りは甘い。サラダやスープに用いられる。

品種名　Power's Heirloom
栽培国　アメリカ
特徴　100年以上前から栽培されていた品種。果実は80〜150g、果形は楕円形で収量は多い。完熟果は白みがかった黄色。香りが強く多汁質なので、ペーストとして用いられることが多い。

品種名　Pink Sweet
栽培国　アメリカ
特徴　果形は扁平で、果色は赤みがかったピンク色。ゼリー室の発達がよく、酸味と甘みのバランスが取れた品種。香りもよく、スライスにしてサラダなどの生食用に用いる。

第4章 世界のトマト

品種名　Mortgage Lifter
栽培国　アメリカ
特徴　1930年代に大果系品種同士を交配して育成された品種。果実は扁平で大きく、重さは平均400gだが、それ以上の大きさになることもある。ピンク味がかった赤色で、多肉質。

品種名　Purple Calabash
栽培国　アメリカ
特徴　果実の形状はいびつで、果重100〜150g程度。成熟果実の色は赤紫色からピンク色で、肩部は緑色。独特の味と香りがある。メキシコから導入されたといわれており、アメリカで一部の愛好家に好まれ、サラダなどの生食用として利用されている。

品種名　RAF tomato
栽培国　アメリカ
特徴　スペインより導入された品種。フザリウム病に抵抗性があり、スペインのアルメリア地方では現在も温室栽培される。半心止まり性で結実率もよく、甘みと酸味のバランスに優れる。

品種名　Red Currant
栽培国　アメリカ
特徴　南アメリカのアンデス山地に自生する野生種トマト *Lycopersicon .pimpinellifolium* に名称をつけて販売している。果実は球形で、果径は1cm程度で赤く、生食用として用いる。

品種名　Red Fig
栽培国　アメリカ
特徴　栽培トマトの移行型 var.*cerasiforme* に似る。洋ナシ形で、果実の長さは3〜4cm程度。甘みと酸味のバランスがよく、サラダはもちろんメキシコではドライトマトとしても親しまれる。

品種名　Red Georgia
栽培国　アメリカ
特徴　アメリカ南部で育成された'ジョージアステーキ'を改良した品種。果実は6cm程度でやや扁平な球形。完熟果は赤みがかったピンク色で、淡い黄色のストライプが入る。非常に甘く香りが強い。

品種名 Rose
栽培国 アメリカ
特徴 果実は 200g 以上の大きさになる。完熟果は濃いピンク色。多肉質で果汁が多い。葉がやや過繁茂になるので、日本の高温多湿の気候条件で栽培する際は、通気性をよくする必要がある。

品種名 Riesentraube
栽培国 アメリカ
特徴 1800 年代中頃に旧東ドイツで栽培されていた品種。果実は 4cm 程度の中玉トマトサイズで球形、赤く甘みと酸味のバランスの取れた品種である。果房は房状になる。

品種名 Roman Candle
栽培国 アメリカ
特徴 果実の形状は細長く、鮮やかな黄色をした品種。果重 100g 前後で、ゼリーや種子は少ない。甘い香りがするので生食用の他、缶詰、ペーストやソースなどの調理用にも利用される。日本では温室栽培で収量が多い。

品種名 Taxi
栽培国 アメリカ
特徴 球形で、果重は 120〜180g。酸味が少なく甘くて香りがよいので、サラダなどの生食用に利用される。高温多湿条件下でも栽培可能なので、日本でも作りやすい早生品種。

品種名 White Queen
栽培国 アメリカ
特徴 1963 年にアメリカ農務省で育成された品種。形状はやや扁平な球形でひだが入り、収量は中程度。リコペンや β-カロテンができず、完熟果実は淡い黄色をしている。

品種名 Yellow Gooseberry
栽培国 アメリカ
特徴 果実は球形で 3cm 程度。房状になる。未熟時の果実表面には淡いストライプ（筋）が入るので、その姿が果樹のグーズベリーに似ている。完熟果実は黄色〜オレンジ色で、非常に甘い。

第4章 世界のトマト

ヨーロッパの品種

品種名 Ailsa Craig
栽培国 イギリス
特徴 1912年にスコットランドで温室栽培用に育成された品種。果形は均整の取れた球形で、1つの果房に同じ大きさ、形の果実が多く着生する。

品種名 Alicante
栽培国 イギリス
特徴 果実の形状は球形で、果径は4〜5cmの中玉トマト。赤色の早生品種で施設栽培に向く。イギリスでは湯むきし、朝食に用いる。非常に酸味が強くいわゆる「トマト臭」のする品種。

品種名 Baby Heart
栽培国 イギリス
特徴 果実はハート形で、果重20g前後と小型。完熟果実の果色はピンク色で甘い香りがする。比較的寒さにも強く、やや涼しい地域でも果実の生長が優れる。生食用として用いられる。

品種名 Garden Peach
栽培国 イギリス
特徴 ペルー原産ともいわれるが諸説がある。成熟時の果色は黄色で、果肉はピンク色だが、オレンジや黄色が混ざったように見える。成熟すると甘い香りがする。果肉がやわらかく甘みが多く、酸味が少ないのでサラダなどの生食用に用いられる。

品種名 Money maker
栽培国 イギリス
特徴 果実は均整の取れた丸形で、イギリスでは主に温室で栽培される一般的な品種である。果実の色は赤色で1つの果房に同じ大きさ、形の果実が多く着生する。

品種名 Pink Grapefruit
栽培国 イギリス
特徴 濃い黄色の果実で、果重200g程度。やや酸味がある品種。成熟時の果実色はオレンジ色と黄色で、香りが良い。多肉でゼリー部がほとんどないので、生食用としてサラダなどに用いられる。

[北ヨーロッパ]

品種名 Green Giant
栽培国 ドイツ
特徴 完熟しても緑色のトマト。草丈は高く叢生する。果実は200g程度で形状は球形。メロンのような甘い香りがする。サラダの他、サルサソースなどの調理用に用いる。

品種名 Green Sausage
栽培国 ドイツ
特徴 短節間で多くの果実を着生する。細長く緑色に黄色のすじが入るが、熟度が進むにつれて緑色に橙色のストライプとなる。サラダ用、装飾用の他にソースなどにも用いられる。

品種名 Hess
栽培国 ドイツ
特徴 果実の形状はやや扁平な球形で、300g程度の重さ。果実の色は黄色から赤みのあるオレンジ色で、酸味が少ない。多肉質でよい香りがする。

品種名 Jaffa
栽培国 ドイツ
特徴 やや叢生となる品種。果実の形状はプラム形で、8〜10cm。果実の色は黄色味がかったオレンジ色で、甘い香りがする。多肉質、多汁で缶詰、ソースに用いることが多い。

品種名 Schwarze Sarah
栽培国 ドイツ
特徴 果重200g程度で、果実はやや扁平の品種。果色はピンク色〜濃い赤紫色で肩部が緑色になる。果肉部が多くてやわらかく、ゼリー部が少ないので、特にサラダなどの生食用に用いる。

品種名 Striped German
栽培国 ドイツ
特徴 果形はやや扁平状の球形で、果色は黄色に赤みがかったストライプが入る。果肉が多くやわらかく甘酸っぱい香りがする。サラダなどの生食用に用いられる。

第4章 世界のトマト

[旧東ヨーロッパ]

品種名 Buffalo Heart
栽培国 ポーランド
特徴 果実の形状は球形でひだが入る。300g以上の大果。淡い黄色味がかったピンク色で、多汁質。サラダとして生食用に利用される他、缶詰にも使われる。

品種名 Cluj Yellow Cherry
栽培国 ルーマニア
特徴 果実は球形で、果径は2～3cmのルーマニアのミニトマト。外果皮はやや硬い。ツンとした強い香りがある。果実は甘いので生食に用いる。

品種名 Crnkovic Yugoslavian
栽培国 旧ユーゴスラビア
特徴 果形はやや扁平で非常に大きな果実を着生する。果実は橙色がかった赤色で多汁質で香りがよいので、スライスにしてサラダなどに用いる。

品種名 Csikos Botermo
栽培国 ハンガリー
特徴 果実は球形で、果色はオレンジがかった黄色で明るいストライプが入る。甘みと酸味のバランスに優れ、生食用に利用する他、サルサソースや缶詰として調理用にも利用する。

品種名 Kalman's Hungarian Pink
栽培国 ハンガリー
特徴 楕円形で、薄い赤色のハンガリーの品種。果重100～150g程度の品種で、熟すと甘い香りがする。外果皮は薄く壊れやすい。また、果肉もやわらかく肉質部が多く、重汁質なので、サラダなどの生食用に用いられる。

品種名 Marianna's Peace
栽培国 旧チェコスロバキア
特徴 草丈は高くなりやすい。果実の形状は扁平な球形で、濃いピンク色。多肉質で甘みと酸味のバランスがよい。強い香り（いわゆるトマト臭）がする。

［南ヨーロッパ］

品種名 Bellestar
栽培国 イタリア
特徴 やや楕円形で、赤い果色の品種。わい性で裂果抵抗性を保有する。果柄に離層がないジョイントレス形質を保有する。収量が多く果肉が赤いのでペーストやソースなどに利用する。

品種名 Costoluto Genovese
栽培国 イタリア
特徴 果実にはいくつもの子室があり、盛り上がってひだ状に見える。果色は鮮やかな赤色で、果肉は非常にやわらかくまろやかな酸味がある。サラダに用いる他、ペーストなどにも用いられる。

品種名 Jaune Flammee
栽培国 フランス
特徴 果実は均整の取れた丸形で、果色は黄色みがかったオレンジ色（アンズ色とも呼ぶ）で、見た目が美しいフランスの品種。果肉とゼリー室のバランスが優れ、生食に用いられる。

品種名 Marmande VR
栽培国 フランス
特徴 果実はやや扁平でわずかにひだ状になる。果色は赤色から橙色で酸味があり、200g程度の大型の果実を着生する。主に生食としてサラダなどに用いる。

品種名 Roma
栽培国 イタリア
特徴 果実は卵形で、果重は60〜90g。収量は多く、ペーストやケチャップなどの加工用に利用される。日本でも明治初期などに栽培されたが、高温多湿に弱く、露地栽培はやや困難。

品種名 Rosso Sicilian Togetta
栽培国 イタリア
特徴 果実は扁平で200g前後になり大きい。子室の部分が盛り上がってひだ状になることもある。果肉はやわらかく多汁質なので加工に適するが、外果皮は薄く裂果しやすい。

第4章 世界のトマト

品種名 San Marzano
栽培国 イタリア
特徴 調理用品種として改良が加えられ、広く栽培される。果色は鮮やかな赤色。中果皮が厚く、ゼリー部はあまり発達していない。香りがよくピューレなどの加工調理用に適する。

品種名 Saint Pierre
栽培国 フランス
特徴 果実は均整の取れた球形で、果色はオレンジ、赤色からピンク色。見た目や香りが優れるので生食として用いる他、缶詰などの加工用に利用されることもある。

品種名 Santa Clara Canner
栽培国 イタリア
特徴 果実はやや扁平な球形で、果実の色は明るい赤色〜オレンジ色、重さは200〜250g。香りがよく甘味と酸味のバランスが優れるので、缶詰用以外にも生食用にも利用される。

品種名 Vee Roma
栽培国 イタリア
特徴 萎凋病や灰色かび病の抵抗性を付与した品種。機械収穫に向くように熟期が揃っている。トマトペーストやホールトマトなど加工用に適している。

品種名 Greek Domata
栽培国 ギリシャ
特徴 果重200g程度の大型で、果色は赤色。子室が多くて果肉がやわらかいので生食に適する他、香りがよいので煮込み用などにも用いられる。

品種名 Thessaloniki
栽培国 ギリシャ
特徴 果形は球形で、果色は赤く肉質が多い品種。日本で栽培すると写真のように色つきがややよくない。果肉はやわらかく酸味があるのでスライストマトや、煮込み用に使われる。

ロシアの品種

品種名 Belyi Naliv
栽培国 ロシア
特徴 果実は球形で、赤色の品種。多汁で甘みと酸味のバランスが取れており、果実が硬いので裂果しにくい。海外品種は裂果しやすいが、本品種は日本でもほとんど裂果しない。

品種名 Black Krim
栽培国 ロシア
特徴 ウクライナのクリミア半島で栽培されている品種。果実は球形で濃い赤色、肩が濃い緑色。ゼリー部は比較的少なく、多肉質でスライスしてサラダに用いる他、調理用にも適している。

品種名 Black Plum
栽培国 ロシア
特徴 1990年代に発表された品種。果実はやや細長いプラム形。収量は非常に多く、完熟果の色は濃い赤色で、肩部は緑色である。やや酸味があり、熟すとよい香りがする。缶詰やペースト、ソースなどの加工用に用いられる。

品種名 Black Prince
栽培国 ロシア
特徴 果実はやや楕円形のプラム形で、成熟した果実は濃いオレンジ色で、肩部は緑色。やや酸味があり香りがよいので、サラダなどの生食用の他、ソース用に用いられる。

品種名 Blue Fruit
栽培国 ロシア
特徴 果実はやや扁平な球形で、重さは300g以上の大果。結果数は少ない。成熟果の果色は紫色から灰色味のある赤色で、香りがよく多肉質でサラダなどに用いられる。

品種名 Bull's Heart
栽培国 ロシア
特徴 バビロフ研究所で育成された品種。果実の形状はやや楕円形をした球形で、果重は300〜400gの大果。成熟果色はピンクがかった赤色で、果肉が非常に多い。生食用。

第4章 世界のトマト

品種名 Caspian Pink
栽培国 ロシア
特徴 カスピ海と黒海の間で栽培されている品種。果重は200〜300g程度で、果実の形状は球形で、ピンク味がかった赤色。多肉質で、サンドイッチやサラダの他、ソースにも利用される。

品種名 Gogoshari Striped
栽培国 ロシア
特徴 ベラルーシのミンスクで栽培されている品種。果実はややひだが入った球形。180〜250gで果実の色は赤色で黄色のストライプがある。サラダなどの生食用に利用される。

品種名 Moskvich
栽培国 ロシア
特徴 シベリアで栽培されていた品種で、1970年代にバビロフ研究所で改良された。成熟果の形状は球形で、果色は赤色。果重は150gほどで、香りがよい。非常に一般的な品種の1つである。

品種名 Paul Robeson
栽培国 ロシア
特徴 果実はやや扁平形で、果色は濃い赤色で肩部が緑色。多肉質で果肉がやわらかく甘さと酸度のバランスが良いのでサラダなどの生食用に用いられる。

品種名 Purple Russian
栽培国 ロシア・ウクライナ
特徴 果実はプラム形から卵状まで変異がある。紫がかった赤色で肩の部分は緑色。結実率が良く、酸味が少なく甘い香りがする。サラダ用の他、ソースや缶詰などの加工調理用にも利用される。

品種名 Wonder Light
栽培国 ロシア
特徴 果実は楕円形で先端部がやや尖る。明るい黄色の果色。外果皮が硬く酸味があるので、サラダ用の他、ソースやケチャップとして用いられることもある。

その他の地域

品種名 Coyote
栽培国 メキシコ
特徴 メキシコに自生する野生種で。果形は円形で、果径は1.5〜2cm程度。日本での栽培は輸入規制の他、別の栽培品種と花粉が混ざらないように隔離栽培するなど注意が必要。

品種名 Indian Moon
栽培国 メキシコ
特徴 先住民族のナバホ族が利用していたともいわれている。果形はやや扁平気味の球形で、果色は濃いオレンジがかった黄色。スライスしてサラダに用いるが、調理用や缶詰にも用いられる。

品種名 Marvel Striped
栽培国 メキシコ
特徴 果形はやや扁平で、襞が目立つ。果色は黄色で果頂部が赤色になる。果肉がやわらかく酸味があり、多汁質なのでサラダなどに用いる他、メキシコでは煮込み料理に利用する。

品種名 New Zealand Pink Pear
栽培国 ニュージーランド
特徴 洋ナシ形の果実で、ピンク色。甘い香りで多汁質である。主にスライスしてサラダなどの生食用に利用される他、ソースとして調理用にも使われる。

品種名 Peron Sprayless
栽培国 アルゼンチン
特徴 1954年に国立アルゼンチン大学でアルベルト・ピオナーノ博士により育成された品種。果重100〜150g程度で収量が多い。果形はやや扁平な球形で、果色はオレンジ色から赤色。各種の耐病性を持つ他、裂果に抵抗性がある。

品種名 Santiago
栽培国 グアテマラ
特徴 果実の形状は扁平で、やや角ばったような形状をするものもある。成熟時の果実色は赤く、果肉部が多い。ゼリー部の発達は少ないので、加熱調理用や缶詰用などに利用されている。

第4章　世界のトマト

品種名　Snowberry
栽培国　メキシコ
特徴　果形は円形で、果径は2〜3cm のミニトマトサイズの品種。果色は明るい黄色で、酸味が強く多汁質。生食用や、他の色のトマト品種の色添えに用いられる。

品種名　Spoon
栽培国　ペルー
特徴　ペルーに自生する野生種を栽培していると思われる。果径は1cm 程度で小さく、甘みや香りがある。日本での栽培には輸入規制、他の品種との交雑を避けるなどの注意が必要。

品種名　Surender's Indian Curry
栽培国　インド
特徴　果実は球形で、4〜5cm。赤色で酸味が強い。また、果肉が軟やわらかい。高温耐性があるといわれているが、日本で栽培した場合、湿度に弱く各種の病気にかかりやすいため、温室などで栽培を行う必要がある。

品種名　Tadesse
栽培国　エチオピア
特徴　果実の形状は球形で、12〜15cm。赤色がかったピンク色。甘みと酸味のバランスが優れ、生食・加工用の調味料などに用いられる。日本での栽培でも収量は安定している。

品種名　Thai Pink Egg
栽培国　タイ
特徴　果実は卵形で果径は3〜5cm。果実の色はピンク色で果実表面はやわらかい毛で覆われている。甘みと酸味のバランスが優れ、生食用や、タイの煮込み料理に用いられる。

品種名　Tlacolula Ribbed
栽培国　メキシコ
特徴　果形は扁平で、子室が非常に多くそれぞれがひだ状となる。果重は200g 程度になることもあり、果肉が多くゼリー室が少ない。香りがよいので調理用として用いれらる。

コラム4

世界で最初に栽培されたトマトは？
― 絵画から見たトマトの姿 ―

　赤く色づいた果実は目を引き食卓を彩る。いまでこそ赤色の他に果実の形や色が様々なトマトが販売されている。そんなトマトの最も古い史実は、ヨーロッパで描かれたトマトの絵に行きつく。

　この作品はドイツ医師のレオンハルト・フックスが16世紀の半ばに描いた水彩画であるといわれている。画上に描き込まれたトマトの絵から、がく片数や節間長、毛の有無、葉の大きさや形状（特に小葉の大きさや形状も含む）、果実の形状と色などを総合的に捉えて、当時のトマトを紐解いてみた。

　すると、がく片数は7、果実の形状には扁平のものから球形まであり、果実色は赤色から黄色まである。黄色は未成熟のものであるか、遺伝的に黄色なのかは定かではないが、当時のトマトは水彩画のような姿をしていたのであろう。

水彩画の果実に似るトマト果実。絵画の果実色は黄色であるため、これが未成熟のものかは不明だが、果実の形状が似ている。

水彩画に描かれているトマトと果実の形状や果色が類似するトマト果実。

（玉川大学大学院農学研究科博士課程・小林孝至筆）

第5章

野生種
トマト

あまり耳馴染みのない野生種という言葉。
本章では滅多に見ることができない
貴重な野生種トマトの数々を紹介する。

野生種トマトの基本

1. 野生種トマトとは

野生種トマトの故郷は？

　栽培トマトの祖先、野生種トマトの故郷は、海抜6000mにも及ぶアンデス山地が南北に連なる南米大陸の太平洋沿岸と、ダーウィンの進化論で馴染み深い南米大陸・太平洋沖のガラパゴス諸島である（図1）。

　そこには、栽培トマトの祖先種（野生種トマト、トマトの近縁野生種、単にトマトの原種ともいう。ここでは野生種トマトと称する）が現在でも自生している。

　これらの地域は赤道直下、あるいは赤道に近い熱帯や亜熱帯地方なので、海沿いの海抜1000m以下の平地は熱帯気候だが、2000〜3000mは冷涼な気候となり、4000m以上では高冷地となる。

図1　野生種トマトの分布地域
メキシコからチリに至るまでの太平洋側に分布する。南米・アンデス山地とガラパゴス諸島（点線で囲った地域）に集中して自生する。図中の学名の前についている丸印は完熟果実の色を示している。

第5章 野生種トマト

野生種トマトは何種ある？

野生種トマト（トマト属、*Lycopersicon* 属）は栽培トマトの祖先種となった *L.esculentum* var.*cerasiforme* を含めて9種、トマトに近いナス属（*Solanum* 属）が4種が知られている（表1）。

いずれもアンデス山地の海抜0～3500mまでの広い範囲に渡って分布している。標高差があり、かつ環境条件がまったく異なる所にそれぞれが適応して生育しているので、同じ種であっても植物体の大きさ、葉、花、果実の大きさや形状に変異があり特性も異なる。

そのため、研究者達は自生地ごとに系統番号をつけ、植物体の形質調査や研究、系統の維持・保存に取り組んでいる。最初に系統分類を行ったカリフォルニア大学デイビス校トマト遺伝資源研究センターは、トマトの学名 Lycopersicon と、系統の意味を持つ accession の頭文字を組み合わせた LA 番号で表示し、これが現在の国際標準になっている。

日本では、Lycopersicon strain（同様に系統を意味する）の頭文字から LS 番号で表示することが多い。アメリカ合衆国農務省（USDA）の分類、Plant introgression の頭文字 PI で示す場合もある。

	Lycopersicon（トマト属）	*Solanum*（ナス属）
栽培トマト	L.esculentum	S.lycopersicum
野生種トマト	esculentum-complex group（栽培トマトと交雑しやすい）	
	L.esculentum var.cerasiforme	S.lycopersicum
	L.pimpinellifolium	S.pimpinellifolium
	L.cheesmanii	S.cheesmaniae
	(L.cheesmanii f.minor)	S.galapagense
	L.parviflorum	S.neorickii
	L.chmielewskii	S.chmielewskii
	L.hirsutum	S.habrochaites
	peruvianum-complex group（栽培トマトと交雑しにくい）	
	L.peruvianum	S.peruvianum
		S.arcanum
		S.corneliomulleri
		S.huaylasense
	L.chilense	S.chilense
	上記のどちらでもない場合	
	L.(S.) pennellii	S.pennellii
	トマトに近いナス属の種	
	S.lycopersicoides	S.lycopersicoiedes
	S.sitiense	S.sitiense
	S.ochranthum	S.ochranthum
	S.juglandifolium	S.juglandifolium

表1 野生種トマトの分類
esculentum-complex group（栽培トマトと交雑しやすい種）と、peruvianum-complex group（交雑しにくい種）どちらでもない場合、およびトマトに近いナス属に分けて学名で表記した。

野生種トマトの分類

　トマトは通常、果実が成熟するにつれて、緑色から赤や黄色になる。しかし、野生種トマトは果実が成熟した時に赤や黄色になる「着色種」と、緑色のままで着色しない「緑熟種」に大別することができる。「着色種」は食べることができるが、「緑熟種」は、果実中にアルカロイドを含むため、食べることができない。

　カリフォルニア大学のリックは、栽培種との交雑のしやすさで分類する方法を実験的に考案し、交雑しやすい種を「esculentum-complex group」、交雑しにくい種を「peruvianum-complex group」に分類した。最近は分子レベルでの分類も行われているが（スプーナーら、1993年）、その場合、トマトはすべてナス属（*Solanum* 属）として扱われている。

野生種トマトは遺伝資源として重要

　野生種トマトには、人がトマトを利用する上で必要かつ非常に重要な形質が多く含まれている。しかも、優れた形質を栽培トマトの品種へ導入し、品種改良することができるため、育種素材として非常に有望である。

　特に期待が持てる実用的な形質を表2に示した。近年では、耐病害虫性や不良環境への環境耐性といった栽培性の向上、果実の生産性・品質向上などへの利用が期待される。

1．栽培性の向上	高温、低温、乾燥、多湿、塩類集積土壌などでの環境耐性
	病気、害虫への抵抗性
2．果実の生産性	果実の着生密度の増加、果実重の増加、着花（果）率の向上、花（果実）の脱離抑制、へた部からの果実の脱離性向上（加工用トマトのジョイントレス形質）
3．果実の品質向上	果実色（活性酸素除去効果など、機能性を有するカロテノイド系色素（リコペン、β-カロテン含有量増加）
	果実形状の改良
	高糖度、酸度、グルタミン酸含有量の増加、食味の向上
	果実の揃い、裂果抵抗性、収穫・管理の平易化
	一斉収穫（熟期を揃える－圃場抵抗性）
	過熟抑制、収穫後の成熟抑制（FLAVRSAVER）

表2　野生種トマトから栽培トマトに導入の期待が持てる、主な実用形質

第5章 野生種トマト

栽培トマトの起源

　メキシコからペルーには、果実が成熟すると赤や黄色に着色する、現在の栽培品種に近い大きさや形の野生種トマトが自生する（写真1）。これらの中から果径2〜5cmの比較的大きい果実をつける系統が段階的に選抜されて、現在の栽培トマトができたと考えられている。

　例えば、雨季になるとアンデス山地からの降雨が集落に直接流れ込んで4〜5mに浸水するような地域がある（写真2）。このような場所で栽培トマトを育てようとしても、ほぼ間違いなく萎凋病、疫病、根腐れ病、輪紋病などが発生し、生育することができない。

　しかし、この地域に自生する *L.esculentum* var.*cerasiforme*（以下、var.*cerasiforme*）には、年間を通して生育し続け、結実する系統がある。

写真1　var.*cerasiforme* の自生系統。左上、右上：メキシコ自生系統、右：ペルー自生系統。果径は2〜3cm程度で、市販のミニトマトくらいの大きさである。成熟果実は橙色〜赤色となる。右の系統はペルーのアンデス山中の標高600m地点に自生していたもので、果実の子室数が多く果形がやや扁平で、植物体全体に毛が多く発達している。

写真2　var.cerasiforme が自生している環境。雨季になると冠水する地域（写真左）に自生、乾季には干上がって（右）高床の家の柱近辺に絡まるようにして生える。

果実が成熟すると雨により自然に種子がこぼれて発芽するためである。このように湿度の高い地域に自生し、多湿環境への適応性を持つ系統は、栽培トマトに耐病性形質を付与することが可能である。

赤くて小さな果実をつける野生種トマト

　ペルーを中心とした太平洋沿岸のアンデス山地や、太平洋に流れ込む川の渓谷沿いには、果径が1cm程度の野生種トマトが自生している。これらの中で果実が成熟すると赤色になる種は L.pimpinellifolium と呼ばれている（写真3）。

　本種は、海抜0～3800mまでの海岸から人里、高原までの広い範囲に分布し、昆虫によって花粉媒介する。果実や種子の形は栽培トマトに酷似するが、果径が非常に小さく、果房は分枝しないでまっすぐになるシングル果房のものが多い。果実が小さくて「着色種」であることから、栽培トマトの直接の祖先種か、「緑熟種」から「着色種」へと進化した最初の種であるともいわれている。すなわち、原始的な「緑熟種」の野生種トマトと、大きな赤い果実をつける栽培トマトとの間の橋渡し的な存在ともいえよう。

　この L.pimpinellifolium にもまた品種改良の育種素材として有望な

第5章 野生種トマト

形質を持つ系統がある。フザリウム菌による萎凋病などに強い系統は、栽培トマトに耐病性を付与するのに有効であろう。糖度が Brix 値で 10 に達し、リコペン含量が 50mg/100g に達する系統は、果実の品質改良にも利用できる可能性を秘めている。

写真3　L.pimpinellifolium のボリビア自生系統。アンデス山中のボリビア・チチカカ湖畔（3800 m）に自生していたもの。いずれもシングル果房。

左から右へ：野生種トマトの「緑熟種」、同じく「着色種」の L.pimpinellifolium、var.cerasiforme、栽培トマトの品種 '桃太郎'。「緑熟種」は「着色種」の L.pimpinellifolium を経て、栽培トマト（右）へと変遷を遂げた可能性が示唆される。

トマト品種図鑑 野生種

※ *Lycopersicon esculentum var.cerasiforme* は以下、var.*cerasiforme* とする。

自生地 エクアドル
種 *L.esculentum* **系統番号** LA0409
特徴 果実は4cm程度になることもある。多子室であることから野生種から栽培種への移行型ではないかと考えられており、完熟果実は赤く、外果皮は硬い。現地では食用にも用いられる。

自生地 パナマ
種 *L.esculentum* **系統番号** LA1216
特徴 野生種から栽培種への以降型を提唱しているジェンキンス博士により1959年に採集されたトマトで、多子室性。ラテンアメリカでは栽培し、食用にされている。完熟果は赤く外果皮は硬い。

自生地 ペルー
種 var.*cerasiforme* **系統番号** LA1311
特徴 ペルー自生。標高700mにほぼ雑草化して生育する。果実の形状は様々で多くの変異がある。果径は3〜4cm。3〜5子室。草勢は極めて旺盛で、病害虫はほとんどない。

自生地 ペルー・クスコ
種 var.*cerasiforme* **系統番号** LA1312
特徴 ペルー自生。標高600m。カカオ豆の栽培地に一緒になって雑草として生えている。果径は3〜4cmで結実数が多い。草勢は極めて旺盛で茎葉には多くの毛が着生している。

自生地 ペルー・クスコ
種 var.*cerasiforme* **系統番号** LA1323
特徴 ペルーの標高1200mに自生。果実は1.5cmで、道端に生えている。毛がなく薄い葉を持つタイプと、毛が多く雌ずいが雄ずいの先に飛び出すものがある。

自生地 ホンジュラス
種 var.*cerasiforme* **系統番号** LA1464
特徴 ホンジュラスに自生する野生種。標高35mの丘陵地帯のふもとにまとまって自生する。果径は1.5cmで4子室。完熟果実は濃い赤色で、外果皮が非常に硬い。

第5章 野生種トマト

自生地 エルサルバドル
種 var.*cerasiforme*　**系統番号** LA1512
特徴　エルサルバドルのイロパン湖近くの標高450～500mの山中に自生する。果径は1.5～2cm程度。完熟果実は赤色で、果房を形成する果軸は硬く、木化する傾向がある。

自生地 コロンビア
種 var.*cerasiforme*　**系統番号** LA1539
特徴　コロンビアの標高1000mの道路わきに自生。1974年に採集された野生種トマトで、果径は約2.5cm。この地域で食されている品種'ラージチェリー'の祖先種ではないかといわれている。

自生地 メキシコ
種 var.*cerasiforme*　**系統番号** LA1621
特徴　メキシコの標高1100mに自生。草勢は旺盛で地面に這う。完熟果実の果径は1.5～2cmで非常に濃い赤色である。極端に乾燥した地域に自生するため、耐干性があるものと思われる。

自生地 メキシコ
種 var.*cerasiforme*　**系統番号** LA1702
特徴　メキシコの太平洋側に自生する。洋ナシ形をしていることから、'イエローペアー'はこの系統を栽培種としたのではないかといわれている。完熟果は黄色い。

自生地 メキシコ
種 var.*cerasiforme*　**系統番号** LA1703
特徴　メキシコの太平洋側の港町付近に自生する。'コヨーテ'はこの種を栽培化したものといわれている。アマランサスなどとともに雑草化して生える。また、葉の形状はポテトリーフ状である。

自生地 ペルー
種 var.*cerasiforme*　**系統番号** LA1953
特徴　ペルーの標高20mの海岸近くにあるトウモロコシ畑などのわきに自生する。草勢は非常に旺盛だが結実数は少ない。葉はポテトリーフ状で茎に毛はほとんどない。果径2.5～3cm程度で2子室。

自生地 メキシコ
種 var.*cerasiforme*　**系統番号** LA2020
特徴　メキシコ中部に自生。葉の色が濃い緑色で、外果皮の外観は黄色、中果皮は赤色、果径は3cm。子室数は10程度もあり果実の形状はやや扁平状になったものなど、果実の形状には変異がある。

自生地 エクアドル

種 var.*cerasiforme*　**系統番号** LA2122

特徴 ペルーの標高868mの高地にある地域住民の庭に自生する。果径は3〜4cmで、子室数は3〜6。果実の形状は住民の庭ごとに変異がある。完熟果実の色は濃い赤色でやや肉質が厚い。

自生地 エクアドル

種 var.*cerasiforme*　**系統番号** LA2123

特徴 エクアドルの標高840mの地域住民の庭に生えている。降雨が多い地域であるが生育は旺盛で繁茂する。子室数は3〜4室で完熟果実の色はオレンジ味のある赤色。各種の病気にも強いといわれている。

自生地 ペルー

種 var.*cerasiforme*　**系統番号** LA2177

特徴 ペルーの標高1350mの高地に自生する。果径は4cm程度で、形状はやや扁平でいびつである。先住民族の庭ごとに果実の形状、色、大きさに変異があり、子室数は2〜8、果径は2〜4cmと様々である。

自生地 ペルー

種 var.*cerasiforme*　**系統番号** LA2616

特徴 ペルーの標高850mの市場で地域住民が販売している野生種。果径は2.5〜4cmで、やや細長い形状をしている。完熟果実の色は橙色がかった赤色で、外果皮は硬い。

自生地 ペルー

種 var.*cerasiforme*　**系統番号** LA2283

特徴 ペルーの標高350mにて地域住民が販売している野生種。栽培トマトの初期の品種だといわれている。苦味がなくマイルドな香りがする。へた痕が大きくしばしば3〜6cmになる。15子室になるものもある。

自生地 ペルー

種 var.*cerasiforme*　**系統番号** LA2312

特徴 ペルーの標高2100mの高地の先住民族の庭に自生する。子室数2、果径2〜3cm程度で、チェリー状の果実をつける。完熟果実は赤く、ひだが入る個体もある。外果皮はやわらかい。

第5章 野生種トマト

自生地 ペルー
種 var.*cerasiforme*　**系統番号** PI126948
特徴 ペルーの標高1400mの山中に自生する。ペルーのサンペドロの市場では同じような果実を見かけることができるらしく、この系統を採集して販売している可能性がある。果径は1cm程度で果実には毛がある。

自生地 ペルー
種 var.*cerasiforme*　**系統番号** LA2640
特徴 ペルーの標高2400mに生える。var.*cerasuforme*として知られている中で、最も標高の高い位置に自生する。アンデス山中のアカンハイという町の近くにまとまって生えており、完熟果実は赤く、果径2cm。

自生地 ボリビア
種 var.*cerasiforme*　**系統番号** LA2977
特徴 ボリビアの標高1460mに自生する。果径は3cmで3〜6子室。現地ではチルトと呼ばれて食用にされることがある。また、鮮やかな赤色も特徴的。

自生地 ホンジュラスとグアテマラ国境付近
種 var.*cerasiforme*　**系統番号** LA3162
特徴 ホンジュラスとグアテマラの国境に近い道端に這うようにして自生する。完熟果実はオレンジ色で、花冠の色は淡い黄色で目立たない。果房が非常に長く、果径2cmほどで子室は6。

自生地 ボリビア
種 var.*cerasiforme*　**系統番号** LS1560
特徴 ボリビアのサンファン市に近い標高300mの場所に生えている。この地は日本人の開拓民の住居があり、その周辺に自生する。外果皮は非常に硬く、果径は2cm。外皮被も非常に硬い。

自生地 ホンジュラス
種 var.*cerasiforme*　**系統番号** LA1465
特徴 ホンジュラスの標高640mの湿った山中に生える。高温多湿な環境に適応できる。果実はやや扁平な球形で、ややオレンジ色味がかかった赤色で外被果実の一部がひだになることもある。

自生地 ホンジュラス

種 var.*cerasiforme*　**系統番号** PI129652

特徴 ホンジュラスに自生する。植物体全体に毛が多く花冠が目立つ。果実は房なりに着生し赤色で果実もやわらかい。

自生地 グアテマラ

種 var.*cerasiforme*　**系統番号** LA1203

特徴 グアテマラに自生する。果実の果径は3cm程度で、がく片が上向きにつき上がる。発見・採集者はジェンキンス博士で、完熟果実の色はつややかである。現在、実用品種がでている。

自生地 コロンビア

種 var.*cerasiforme*　**系統番号** LA2795

特徴 コロンビアの標高1460mに自生する。がく片は水平に長く果径は2〜3cm、子室数は3〜4室。現地では食用にされる。完熟果実は赤く、外果皮はやや硬い。

自生地 エクアドル

種 var.*cerasiforme*　**系統番号** LA0410

特徴 エクアドル自生で果径は2cm。扁平でいびつな形状をしている。多子室。雌ずいが多く花粉がほとんど出ない。現地では食用とするようであるが、日本では維持が非常に困難。

自生地 コスタリカ

種 *L.esculentum*　**系統番号** LA3453

特徴 コスタリカに自生し、果径は1.5cm〜2cmで小さい。子室数は2〜3子室。赤い果実が1つの果房中に6〜8程度まとまって開花・結実する。果房も非常にコンパクトで、果軸の長さも短くまとまっている。

自生地 ペルー

種 *L.pimpinellifolium*　**系統番号** PI124039

特徴 ペルー太平洋岸の標高34mのトルヒーヨに生えている。ダブル果房になっており、果実が1つの果房中に6枚程度まとまって開花・結実する。果房も非常にコンパクトで果軸の長さも短くまとまっている。

第5章 野生種トマト

自生地 ペルー
種 L.pimpinellifolium　**系統番号** PI126430
特徴 ペルー・リマ近郊の標高約1500 m、キャラバイロに自生している。1果房内に10～25cmの赤い果実を総状につける。ダブル果房で、茎が非常に細くなる。

自生地 ペルー
種 L.pimpinellifolium　**系統番号** PI126915
特徴 ペルーの太平洋岸・チクラーヨの標高27 mに自生しており、果実は1～2cm程度で果色は明るい赤色。フザリウム病抵抗性（レース2）があるといわれている。

自生地 ペルー
種 L.pimpinellifolium　**系統番号** PI128639
特徴 ペルーのキジャバンバ南部、標高1200～1900 mに自生する。果径は1cmで、花柄に離層ができないジョイントレス形質を持つ。果実は鮮やかな赤色で節間が短い。

自生地 コロンビア
種 L.pimpinellifolium　**系統番号** PI129089
特徴 コロンビアのアルメニアの標高1500 m付近に自生する。果実の形状はひだの多い扁平型で、果径は3cm程度、子室数は3～5である。

自生地 ボリビア
種 var.cerasiforme　**系統番号** LS1577
特徴 高温多湿な環境に自生する。外果皮は厚くて硬い。果色が赤からオレンジ色になったタイミングで収穫する。果径は1cm程度。日本では果実の結実数が少なくなる。

自生地 ペルー
種 L.pimpinellifolium　**系統番号** PI344102
特徴 ペルーの自生系統ではあるものの、詳細な地名は不明。かいよう病に抵抗性があるといわれている。花粉が出ないため、日本での栽培は非常に困難である。

野生種トマトの可能性

1. 成熟しても緑色の「緑熟種」

小さな果実をつける野生種

　1960年代にキミエレウスキーらの収集・研究によって知られるようになった種で、アンデス山中の標高1500～3000mの山岳地帯のやや湿った谷や伏流水のある岩場に自生している。発見当初、果実が非常に小さく、細い茎葉を着生していたことから、「小さい」という意味の*L.minutum*と呼ばれていた。

　*L.parviflorum*はアンデス山地の北部エクアドルからペルーの広い範囲に自生しているのに対し、*L.chmielewskii*の自生地はペルーに集中している。*L.parviflorum*の完熟果実は1cm未満と小さく、濃い緑色をしているが（写真1）、*L.chmielewskii*は1.5cm程度で、淡い緑色か、系統によっては薄い黄色になる（写真2）。両種とも葯筒から雌ずいが著しく突出しているので、昆虫による花粉媒介を受けて受粉・受精し結実する。両種の分布域は重なることもあるが、自生地における自然交雑種は知られていないので、現在では別種とみなされている。

　ただし、これらの2種は栽培トマトとの間で人為的に雑種を作ることができるため、esculentum-complex groupに分類されている。そ

写真1　*L.parviflorum*の完熟果実
写真左はペルー自生系統で、果径1.0cmの実を多くつける。写真中央はペルーの標高1300mの岩場に自生しており、果径が1cmの典型的な*L.parviflorum*である。写真右は、標高2800mの深い峡谷の岩と岩の間に挟まるようにして生え、果実は1cm程度で濃い緑色である。

うした意味では、小さくて赤い果実をつける野生種トマトの「着色種」 L.pimpinellifolium の緑熟種版ともいえるだろう。

遺伝資源としての有用性は未知

両種とも野生種トマトの中では、他の種よりも発見が新しい。どのような形質を持っているのかまだ十分に調べられていないため、育種素材としての利用例は少ない。だが、現在のところ明らかになっている形質からも有用性をうかがうことはできる。

例えば、栽培トマトの非心止まり性の品種では、通常は第1果房が着生した後、3枚の葉を展開して次の果房をつける。ところが、L.parviflorum は、第1果房が着生した後、2枚の葉を展開して次の果房をつけるので（写真1右）、茎葉が互いに重ならない。この形質は、温室での密植栽培に利用できる可能性があるだろう。

また、L.chmielewskii には、完熟果実の Brix 値が 11〜12 になる高糖度のもの、ビタミンC含有量の高いもの、あるいは完熟すると果実から甘い香りを発する系統があるので、栽培トマトの果実の品質改良に役立ちそうである。

独特の強い香りを持つ L.hirsutum

アンデス山地の標高 500〜3300 mの高地に自生する緑熟種の野生種トマトで、海岸部には分布していない。本種には2つのタイプがある。

写真2　L.chmielewskii の成熟果実
写真左は、標高 2500 mの断崖の岩場に自生しており、植物体はブッシュ状で小葉は細く、多くの果実をつけ、がく片は上に反り返る。果房の軸は細くて長く、成熟果実は緑色でやや紫色がかったストライプが入るペルー自生系統。写真中央・右は、ペルーの標高 1980 mの断崖の岩場に自生していた系統で、がく片は水平に伸長して長い。完熟果実は緑色でやや黄色味を帯びる。草勢は旺盛で結実数も多い。

1つはf.*typicum*と呼ばれるもので、エクアドル西部からペルー中央部の標高1800〜3000mの高地の谷間に分布している。果径が大きく、葉、茎、果実の表面に非常に多くの毛が存在する。このタイプは他家受粉により結実するが、人為的に自家受粉で結実する系統もある。完熟果実にも多くの毛が存在し、紫色のストライプ模様が入り、淡い緑色をしている（図3左）。

　もう1つのタイプは、*L.hirsutum*の自生地の中でも北部地域（エクアドル西南部からペルー北部）に分布するもので、f.*glabratum*と呼ばれる。f.*typicum*とは異なり、葉、茎の表面に毛が少なく、花径が小さいのが特徴で、主に自家受粉により結実する（写真3右）。

　いずれのタイプもミントのような強い香りを持っている。

分泌される物質は天然の農薬

　1969年、ジェントルらはf.*glabratum*がある系統はハダニに強い抵抗性があることを発見した。この系統は毛以外に、特殊な香りや物質を放出する腺毛を持ち、ダニ類の食害を防ぐ（写真4）。

　1980年、ウイリアムらは、この成分が2-*Tridecanone*という物質であることを明らかにし、栽培トマトの72倍以上も含まれていることに注目して、これが「天然の殺虫剤」になるとした。

　その後、リック（1973年）やジュビックら（1982年）によって、トマトの主要害虫を使った研究が行われた。これまでに、ハダニ、ハモ

写真3　*L.hirsutum*の完熟果実
写真左はf.*typicum*のペルー自生系統で、標高3150mの岩場に自生しており、植物体の表面は非常に多くの毛で覆われている。この系統は疫病に耐性がある。写真中央・右はf.*glabratum*のペルー自生系統で、標高2100mの1日中日光の当たる水はけの良い岩場に自生。結実率が良好で自家受粉により結実する。

第 5 章 野生種トマト

グリバエ、タバコノミハムシ、オンシツコナジラミ、コロラドハムシなどに対しても、抵抗性を持つことが明らかになっている。人間には不快に感じられるツーンとした強い香りであるが、害虫に対しても同様に忌避的に働くようである。

L.hirsutum の遺伝資源としての有用性

本種の自生する環境は、1日中日光が照りつける乾燥した場所である。しかし、標高が高いため気温は 10 〜 21℃と冷涼であり、かつ1日の寒暖の差が激しいので常に霧が発生する。したがって、野生種トマトの中でも高山植物的な種であるといえるだろう。

このような、人間にとっては酷ともいえる環境に適応して生育していること、外部形態も非常に特異的であることから、本種は野生種トマトの中でも真っ先に育種素材として注目されてきた。害虫抵抗性に加え、栽培トマトに深刻な被害をもたらす青枯病、疫病、白星病などの病害抵抗性、タバコモザイクウイルスやネコブセンチュウなどへの抵抗性を持つ系統や、耐霜性や耐寒性、耐干性などの不良環境抵抗性を保有している系統がある。

本種は栽培トマトとの間に雑種が得られやすいので、これらの形質は実用形質として利用されている。栽培トマトに病害抵抗性や環境耐性を付与するために、大いに役立っているのである。

写真 4　*L.hirsutum* の葉の表面に存在する腺毛
写真左が栽培トマトで、写真右が *L.hirsutum* の葉の腺毛。長く先端部が膨らんでいるのが腺毛で、先端部より粘液性の物質が分泌される。

様々な形質を持つ野生種トマト

　ペルーからチリに至るアンデス山地に広く自生する野生種トマトは、分布域が非常に広く、自生地ごとに葉、花、果実の形状が同じ種とは思えないほど異なっている。特に、果実の大きさや色については様々で、完熟すると薄い緑色、濃い緑色の系統が多いが、猫の目のように紫色の筋が入るものや、完全に紫色になる系統もある。通常、果実の大きさは1.5cm程度だが、ホールら（1979年）によりペルー南部で発見された系統は果径が3cmにもなり、この大きさは栽培種の直接の起源となったメキシコ自生の L.esculentum var.cerasiforme に匹敵する。

　本種はあまりにも種内変異が大きいので、最初に発見したミューラー（1940年）は、ペルー北部に自生する系統群は草丈が小さく密になり植物体が地面を這うようにしていること、小葉は5枚で構成され果房は分枝しないシングル果房でがく片が小さいことを特徴に挙げ、var. humifusum と分類している。

　リック（1983年）は var.humifusum の系統が互いに自生地が離れているにも関わらず標高2700m付近を分布域としていることから、進化の初期の段階で、ある1つの系統から各地域に分化していった系統群ではないかと考えている。var.humifusum の系統は、葯筒から雌ずいが著しく突出しており、他家受粉によって結実する。

L.peruvianum の標高差による分類

　リック（1963年）は、あまりにも形質が多様であるため、本種をアンデス山地の標高差により分類することを考案した。すなわち、ペルー市街の小川に雑草化して自生する「海岸地域の系統群」、リマ郊外で年間降雨量が少ないが、霧の発生が多くて極端に湿度の高い地域の「ロマス系統群」、標高300〜800mの乾燥した伏流水のあるがれきに自生する「低地ライマック系統群」、アンデス山地の海岸部から急に標高が上がって800〜3600mとなる地域の、渓谷沿いの急峻な岩場に自生する「中部ライマック系統群」、さらに標高が上がった渓谷沿いの急峻

L.peruvianum の果実は系統により果色、形状が様々である。

▲標高2100mの非常に乾燥した岩場に自生していたもので、熟すと紫色になる。ペルー自生系統。

▲標高1690mの渓谷の岩場に自生していたもの。ペルー自生系統。

 2000m

……… 1500m

▲標高1300mの岩場に自生していたもので、果径は2.5〜3cmと大きい。ペルー自生系統。

……… 1000m

▼標高400mの砂利の多いがれ地に自生していた系統で、一般にL.peruvianumといえばこの系統が示されるほどのプロトタイプである。耐塩性、耐アルカリ性などの不良環境抵抗性を保有していることが知られている。チリ自生系統。

 500m

◀標高200mの岩場に自生していた系統で、結実量は多い。果実の大きさは1cm程度と小さく、非常に良く目立つ紫色の筋が入る。ペルー自生系統。

▲ペルーの首都リマ郊外の標高60mのオレンジ農園に自生していたもので、結実率が高い。ペルー自生系統。

▲標高50mに自生していた系統で、シダ状の葉を多くつけて繁茂する。果実は大きく濃い緑色をしている。ペルー自生系統。

▲リマ郊外の標高50mの高速道路わきに自生していた系統で、多くの果実をつけるのが特徴である。ペルー自生系統。

野生種トマトの可能性

な岩場に自生する「山岳地域の系統群」である。

　これらのうち、「ロマス系統群」、「低地ライマック系統群」、「中部ライマック系統群」、「山岳地域の系統群」は、ホールら（1979年）により古くは f.glandulosum と呼ばれていた系統群であり、現在でも用いられている場合がある。

　アンデス最高峰に自生する L.chilense はダナル（1852年）によってチリで発見された熟しても緑色の果実をつける種である。シダによく似た葉を着生し、花序が長く20cmに達するものもある。海岸地帯にも自生するが、ほとんどが標高3000mの乾燥した山岳地帯の砂漠化したような谷底や斜面の岩場に自生し、昆虫によって花粉媒介されることが知られている。砂漠化したような場所でも、時々水がたまることがあり、このような場所にも自生する。したがって、根系もこれらの伏流水を吸収できるように発達している。果実は熟すと黒色、あるいは濃い紫色となる系統もあり、トマトとは思えないほどである。

貴重な遺伝資源として期待が大きい

　L.peruvianum や L.chilense は、果実が熟しても緑色であり、アルカロイド類を含むので、食品としての利用例はほとんど知られていないようである。しかし、アンデス山地の乾燥した高地の岩場に自生すること、夜温は4～8℃、日中は40℃になる気温に適応して生育できること、気温差が生じる際に発生する霧を利用して生育することなどの形質は、栽培トマトに不良環境抵抗性を付与できそうである。

　それにも増して特筆すべきは、これらの種はトマト栽培において最も深刻な問題となる様々な病害虫に対して抵抗性を保有する系統が多いことである。

　例えば、L.peruvianum の系統は輪紋病、葉かび病、萎凋病、白星病、青枯病などに対しての抵抗性の他に、タバコモザイクウイルス抵抗性、近年では、タバココナジラミによって媒介されるトマト黄化葉巻ウイルス（TYLCV）によるトマト黄化葉巻病抵抗性などが知られている。また、

第5章 野生種トマト

ネコブセンチュウや、アブラムシなどの害虫に対する忌避効果も報告されている。L.chilense の系統にも TYLCV 抵抗性遺伝子が保有されていることがわかっているので、この系統の抵抗性遺伝子を栽培トマトに導入する試みが行われている。

これらの種は、栽培トマトと交配によっては雑種を作ることができない peruvianum-complex group なので、胚培養などによって雑種を育成して品種育成がなされ、利用されている。一見すると食用にはならないような野生種トマトだが、病害虫抵抗性を保有する遺伝資源として非常に有用な種であるといえる。

L.peruvianum の花器官。
葯筒の先端から雌ずいが大きく突出しているのがわかる。

L.peruvianum や L.chilense は多くの場合、他家受粉であり、栽培トマトのように自家受粉を行わない。受粉には風媒花と虫媒花があるが、これらの野生種トマトはハチによる受粉（虫媒花）である。花冠の直径は 3〜4cm に達するものが多く、大きくて遠くからでも非常によく目立つ。これらの野生種トマトはハチによる受粉によって結実しやすいように雌ずいは大きく突出している。

L.chilense の果実
葉は灰色がかった緑色で果実は熟すと薄い紫色〜濃い紫色となる。チリ自生系統。

2. 最も原始的な野生種トマト

トマト属とナス属の間を行き来する野生種トマト

アンデス山地、ペルー中央部の標高50～1500ｍの極端に暑く乾燥した山岳地帯の岩場に自生している。しばしばサボテンと一緒に生えることもある。本種はウェバーバウアー（1909～1914年）、ペンネル（1925年）によって最初に採集された。

コレル（1958年）は、花粉の出る部分（葯孔）が葯筒の先端部にあること、葯筒より雌ずいが突出して著しく下方に湾曲すること、花柄における離層の位置が花柄の付け根であること、果房と果房の間に2枚ずつの葉をつけることに着目した。これらの特徴はいずれもナス属に特有の形質であることから S.pennellii と命名した。

しかし、リック（1979年）は花冠や葯の色がトマトと同じ黄色で、栽培種を含めた他の野生種トマトと交雑が可能な点から、染色体数は 2n = 24 でトマト属と同じであることを理由にトマト属であると提唱。学名が2つに分かれてしまった。そこで、ダルシー（1982年）の提案により、本種を慣例としてトマト属にすることになった。

僭越ながら筆者の研究によれば（1997、1998、2000、2004年）、本種の花柄における離層細胞のでき方を調べたところ、離層の「基になる細胞」がナス属と同じ花柄の表皮側（外側）にでき、分裂しながら中心部の柔組織（内側）に向かって発達して離層形成を完了する。一方、栽培種を含むすべての野生種トマトは、「基になる細胞」が中心部の柔組織（内側）にできて、表皮側（外側）に向かって発達する。したがって、離層のでき方でみれば、ナスやジャガイモなどのナス属の場合と同じな

L. (S.) pennellii の花器官
葯筒の先端部に穴が開いていてこの部分より花粉が出ることで、他の野生種トマトとは異なっている。雌ずいは葯筒より著しく突出し下方に湾曲する。

第5章 野生種トマト

ので、本種はナス属ということになる。

ついには、本種の学名はトマト属とナス属の両方を同時に使って *L.（S.）pennellii* と併記するに至った。トマト属なのか、あるいはナス属なのか、外部・内部形態学的な議論は今なお続いている。近年の分子生物学的な分類では、トマト属全体をナス属とするため、本種はナス属に戻ってしまった。発見当初は、ナス属、次いでトマト属、また最近ではナス属と渡り歩く一風変わった野生種トマトである。

ねばねばした粘液を分泌する葉を持つユニークな野生種

L.（S.）penncllii は、分類上ばかりでなく、形態的にも他の野生種トマトと異なる点が多い。ユー（1972年）は、根系がほとんど発達せず、葉肉が厚くて葉の表側にも気孔があることを発見した。リック（1973年）は、栽培種と本種の葉に霧吹きで水をかけたところ、栽培種は直ちに萎れてしまったのに対し、本種は葉を膨らませて生育し続けたので、

L.（S.）pennellii の完熟果実。
果径は1cm程度で（④を除く）、系統ごとに果実の形状は扁平〜球形、果実色は濃い緑色〜淡い緑色と異なっている。植物体全体に腺毛が密生している。いずれもペルー自生系統。
①標高50mの海岸に近いハイウェイ付近に自生。耐塩性の他、トマトかいよう病、アルタナリア茎枯病、萎凋病などの耐病性を保有する。
②標高1200mの道路わきに自生。本種の典型的な形状を示す。
③標高800mの乾燥地にサボテンとともに自生。
④標高1100mの直射日光の当たる非常に乾燥した場所に自生。果径は2cm。

葉からの水分ロスが極めて少ない種であると述べている。

　自生地では寒暖の差で霧が発生し、時には葉の表面に露がかかることもある。このような気候に適応して、葉中に空気中の水分を溜め込む仕組みが発達しているのかもしれない。

　また、葉には表面、裏面ともに粘性を持つ腺毛が密生している。この腺毛は *L.hirsutum* よりも密度が高く、粘性も非常に強いので、手で触るとなかなか取れない。ジェントルら（1968年）は、本種の葉にオンシツコナジラミがびっしりと付着して身動きがとれなくなることから、本種を利用すれば栽培種に害虫抵抗性を付与できると報告している。さらに、近年問題となっているサビダニに対しても忌避効果がある。レムケとマッツシュラー（1984年）は腺毛の「頭」部分の形状が他のトマト属とは異なっていることが、強い粘り成分を作り出す原因になっていると指摘している。

　なお、腺毛の長さや密度は系統ごとに異なる。果実は熟しても緑色であるが糖度は Brix 値で 12 以上になる系統がある。これらの形質は乾燥や害虫に強く高糖度のトマトを育成するのに役立ちそうである。

葉の表面に密生する腺毛
先端部は球形でこの部分から粘性の強い物質を分泌する。
左上：先端部が球形の腺毛
右上：粘液が腺毛を滴り、しばしば腺毛同士が付着して絡まる
右下：粘液により捕捉された昆虫

第5章 野生種トマト

最も原始的なトマト？

　トマトに近いナス属植物には4種が知られている。リック（1979年）は、それらの中で *S.lycopersicoides* と *S.rickii* は、栽培種トマトや野生種トマトと交雑が可能で外部形態も類似することから lycopersicoides rickii グループに分類している。*S.lycopersicoides* は、アンデス山地のペルー南部からチリ北部の標高3000mの極端に乾燥した高地に自生し、鋸状でシダに類似した小葉を着生、花冠は明るい黄色でトマト属と同じだが、葯筒は白色である（通常は黄色）。果実は成熟すると黒色、*S.rickii* では淡い黄色となる。

　ただし、自生地以外のヨーロッパや日本などの温室で育成すると、熟しても黒色にならず淡い緑色、もしくは黄色になるので、着色には紫外線などの要因が必要なのかもしれない。

特殊な野生種トマト

　リック（1979年）は *S.ochranthum* と *S.juglandifolium* ついて、「トマトに似ているが *S.lycopersicoides* や *S.rickii* とは全体的に異なる不思議な野生種トマトである」と述べている。「似ていない部分が多いが、似ている」といった、表現しづらいほど風変りである。*S.ochranthum* は、アンデス山地のペルーからチリのやや湿った潅木の生えている草地、

S.lycopersicoides の各器官（ペルー自生系統）
標高3250mの高地に自生。6～7月には濃い霧が発生し、トウモロコシやマメ類は枯れるが、本種は枯れずに残るので耐寒性を有している。
左：葉は切れ込みの入ったシダ状の小葉により構成される
中：花冠は黄色であるが、葯筒は白色で他の野生種トマトとは異なる
右：果実は本来は黒色になるはずであるが、日本では淡い黄色となる

S.juglandifolium はエクアドルからペルーの湿った渓谷沿いに自生している。両種とも栽培・研究実績がほとんどなく、どのような植物かについても不明な点が多い。

　筆者の温室における栽培実績によれば、*S.ochranthum* は4年間生育し続け、草丈は5m以上となり、ついに茎は木化して「木本植物」になってしまった。花冠、葯筒ともに黄色なので、この点ではトマトである。花径は大きく3〜4cmで、葯筒から雌ずいが突出する。果径は野生種トマトの中では最も大きく5cm程度だが、いつまで経っても緑色のまま、完熟したと思われる時期、すなわち淡い黄色になり甘い香りがするまでに11ヵ月を要した。葉は表皮に粘りを有する腺毛が存在し、それは *L.（S.）pennellii* と類似した形状。根の酵素ATPアーゼ活性が高いので耐塩性を有する可能性もある。

　なお、ここで紹介したナス属の4種は、高温多湿な日本での栽培は非常に困難で、本学でも学生を中心に引き継ぎながら栽培を行っている。これらは寒さに非常に強いため、冬季間の暖房が不要な品種を育成できるかもしれない。

S.ochranthum（ペルー自生系統）
標高2960mの比較的湿った草地の切り立った崖に自生。茎は太く潅木状になる。
左：草丈が5m以上に育った植物体　右：果実は完熟すると淡い黄色になる

S.juglandifolium
左：茎葉は4m以上に伸長する
右：日本は初となる結実に成功した *S.juglandifolium* の果実。

貴重な野生種トマト

1. ガラパゴス諸島に自生する野生種トマト

果実の形態と色は島ごとに異なる

　ガラパゴス諸島（エクアドル）の動植物は、南アメリカ大陸とは地理的に隔離されてきたことで独自の進化を遂げてきた。イギリスのチャールズ・ダーウィンが1835年にガラパゴス諸島に上陸、『ビーグル号航海記』（1839、1845年）において、ガラパゴスゾウガメ（以下、ゾウガメ）、リクイグアナとウミイグアナ、後にダーウィンフィンチと呼ばれるようになった小鳥について記録を残し、自然淘汰による進化論を提唱したことはあまりにも有名である。ところが、ガラパゴス諸島の興味の対象はゾウガメやイグアナなどに集中し、固有の野生種トマトが自生することを知っている人は極めて少ない。

　ガラパゴス諸島の野生種トマトは、ここにしかない固有種である。1940年、ミューラーはガラパゴス諸島に野生種トマトが自生することを最初に述べた。リック（1956年）は、これらの果実が熟すとオレンジ色や黄色に着色する「着色種」であり、果径1cm程度であることからペルーやメキシコに自生する *L.pimpinellifolium* であるとした。しかし、果実の形や色、葉の外部形態などがそれとはまったく異なるため、ガラパゴス諸島の野生種トマトを下記の4種に分け、固有種とした。

- *L.cheesmanii*
- *L.esculentum* var.*cerasiforme*
- *L.esculentum* var.*minor*
- *L.pimpinellifolium*

　これらの形質は島ごとに、また同じ島内でもまったく異なっている。それは、ゾウガメの甲羅の形や、ダーウィンフィンチのくちばしの形が島ごとに異なっているのと同じである。1974年、リックはフォブスと

ともにアイソザイム分析を行って、自ら提唱した4種を *L.cheesmanii* として1種にまとめ、さらに亜種を1つ追加して f.*minor* とした。現在でもこの分類法が踏襲されている。

自生地以外での栽培は困難を極める

　ガラパゴス諸島は赤道直下の熱帯地域に位置するにも関わらず、年平均気温は20℃程度で曇りの日が多く涼しい。これは、南極に端を発するフンボルト海流が寒流であり、南アメリカ大陸に沿って北上してガラパゴス諸島付近に向かって流れるためである。

　また、1～5月は雨季、6～12月は乾季になる。数年ごとに北からの海流が強まると雨量は多くなり、世界的な気候変動に大きな影響を及ぼす「エル・ニーニョ」が起こる。したがって、ガラパゴス諸島の野生種トマトは、他の野生種トマトとは異なり直射日光や高温が極端に苦手なので、一般に栽培することは非常に困難である。

島ごとに異なった形状で、果実の色も様々

　ガラパゴス諸島は火山島であり、主な島の数は16島である。野生種トマトはこれらの島々の山腹の森林地帯の茂み付近や、溶岩地帯、海抜の低い乾燥した地域や波打ち際などに自生し、地面を這うようにして広

左：ガラパゴス諸島には固有の動植物が生息する。写真はリクイグアナ（写真提供：長崎大学附属図書館）。
右：ガラパゴス諸島の溶岩に自生する野生種トマト。画面左端に写っている緑色に繁った植物が野生種トマトである（写真提供：長崎大学附属図書館）。

がって生えている。

　L.cheesmanii は、成熟果実は果径1〜2cm程度で、黄色、オレンジ色、薄い緑色をしている。植物体の節間は長く、小葉は細かい切れ込みがない。亜種のf.*minor* は、成熟果実は果径1cm弱で非常に小さくオレンジ色が多い。稀に紫色の系統もある。小葉の色は黄緑色でシダ状の細かい葉を持ち、節間が短く植物体全体に毛が多く、ツンとした強い香りがあることで*L.cheesmanii* と区別できる。

南アメリカ大陸から遠く離れた島に自生した理由

　ガラパゴス諸島の動植物は南アメリカ大陸のものと共通点が多いので、南アメリカ大陸から何らかの方法で運ばれてきたと考えられている。以前は陸伝いに渡ってきたと考えられていたが、地質学的な研究により太平洋の海底にマグマスポットがあり、その上に火山が形成されてできた島であることが明らかになった。それでは、なぜ陸続きではなかった大陸から1000km（東京から小笠原諸島くらい）も離れた島に動植物が生息しているのだろうか？

　その点について、伊藤（2002年）は、隔離された島に動植物が渡る手段は、気流、海流、鳥類によるしかないと述べている。ポーター（1983年）によれば、ガラパゴス諸島のシダ植物と種子植物について経路別移入回数でみると、鳥類によるものが72％、気流が20％、海流が8％であり、種子植物が定着して固有化する割合は58％であるとしている。

　このデータを基に伊藤（2002年）は、トマトは液果であるため、液果を好んで捕食し、かつ飛翔能力の優れるツグミ類が運んできた可能性が高いとしている。このような動植物の移入がガラパゴス諸島の500万年の歴史の中で生じたことになる。

　ちなみに植物の種子あるいは胞子の移入は1万2000年に1回の確率となるそうで、悠久の時を刻みながら野生種トマトはガラパゴス諸島に到達し定着したのである。

ゾウガメとの不思議な共存関係

　1961年、リックはガラパゴス諸島に自生する、ある系統の野生種トマトの果実をゾウガメに食べさせて、14日経過した後にふんから取り出した種子を播種した結果、わずか3日で発芽率が飛躍的に向上することを実験的に調べた。

　この系統は、ゾウガメに果実を食べてもらわないと子孫を残せないことを示している。ゾウガメが移動した道に沿ってこの系統の野生種トマトが分布していることは、両者が長年に渡って共存してきたことを物語っている。

ガラパゴス諸島の野生種トマトの遺伝資源としての有用性

　ガラパゴス諸島の野生種トマトは、加工用トマトの育種や、栄養的価値を高めるのに広く利用されてきた。

　一般に、トマトは果実が熟すと果柄に果実を脱離させるために特殊な細胞（離層細胞）が形成され、果実は果柄とへたをつけたまま取れる。ガラパゴス諸島自生のある系統には、果柄に離層ができないで果実のみが取れるものがある。これをジョイントレス（j-2）、または不完全ジョイントレス（jointless incomplete、j-2^{in}）と呼び、（リック、1956年／レイナード、1961年／田淵、1994年／田淵ら、1994、2000年）、2013年、中野らはこれらを形成する遺伝子群（MADS-box genes）

左：ガラパゴスマネシツグミ。この仲間が南アメリカ大陸からガラパゴス島に野生種トマトを運んできた可能性が高い。（画像提供：長崎大学附属図書館）
右：ゾウガメ。野生種トマトのある系統はゾウガメと共存関係にある。（画像提供：長崎大学附属図書館）

を見出した。

　この形質は、果実のみを必要とする加工用トマトの収穫に有利なため、加工用品種の育成に利用されている（リック、1967年／ボワトーら、1995年／田淵ら、2000、2001年）。

　また、海水が直接かかっても生存する系統がある（ラッシュとエプシュタイン、1981）。これらの系統の根の酵素ＡＴＰアーゼ活性は高いので、塩類処理を行っても枯れない。

　チェレションコーバら（1998年）は、うどんこ病に抵抗性を保有する系統があることを発見、伊藤と田淵（2000年）は、f.minor の小葉に L. (S.) pennellii に類似した粘つく腺毛を有する系統があるのを見出した。これらは、不良環境抵抗性に関する育種素材として貴重である。1994年、ストーメルとハイネスはビタミンＡの前駆体のβ-カロテンを多く含む系統を発見、実用品種育成を試みた。最近では、糖やグルタミン酸含有量が極めて多い系統も見出されているので、果実の品質向上にも利用できそうである。

ガラパゴス諸島の野生種トマトは絶滅した？

　シェタラ（2005年、私信）は、ガラパゴス諸島固有の野生種トマトが昨今の地球規模あるいは人為的な環境の激変により、絶滅寸前であるとの情報をヌエツら（2004年）の研究論文を添えて著者宛に提供した。栽培種のエスケープと思われる赤い果実の系統が島のあちこちに繁茂し、今まであった固有種がこれらに置き換わっているというのである。

　本種は、地理的に隔離分布してきたため、耐病害虫性がほとんど存在しておらず、遺伝資源としての有用性は他の野生種よりも低いといわれていたため（テイラー、1986年）、あまり興味を持たれてこなかった。また、栽培が極めて困難であり、調査・研究が進んでいなかったことから、まだ有用形質を十分に把握しきれていない。調査中の段階で絶滅してしまっては貴重な遺伝資源を失うことになってしまうため、早急な保護が必要である。

ガラパゴス諸島 野生種トマトMAP

ガラパゴス諸島の野生種トマトは、島ごとに果実の形状や色が異なる。

種 f.minor
系統番号 LA1410
特徴 標高50mの火山灰の積もった土地に自生していた系統。この系統にはアントシアニンが多く含まれているので、果実は黒色に見える濃い紫色を呈するが、成熟が進むにつれてオレンジ色になる。

種 f.minor
系統番号 LA0480A
特徴 標高20mの海岸に沿うようにして自生していた系統で、熟すと多数のオレンジ色の果実を着生する。

ピンタ島

種 f.minor
系統番号 LA0929
特徴 波打ち際（海抜4m）の溶岩に自生していた系統で、根は砂中に入り込む。熟すと鮮やかなオレンジ色となる。

サン・サルバドル島

ピンソン島

フェルナンディナ島

イザベラ島

種 f.minor
系統番号 LA0530
特徴 火口湖の縁に自生していた系統で、小葉は非常に小さく、茎とともに毛が密生する。熟すと茶色がかったオレンジ色になる。

種 f.minor
系統番号 LA1452
特徴 標高350mの旧火山の火口の縁に自生していた。

| 種 | *L.cheesmanii* |
| 系統番号 | LA1409 |

特徴　標高10mの黒い溶岩の隙間に自生していた系統で、植物体に毛が少なく、がく片も短い。熟すと黄色の果実を着生する。

| 種 | *f.minor* |
| 系統番号 | LA1141 |

特徴　標高650mの火口の縁に自生していた系統で、ここにはヤギが来ない。熟すと黄色になる。

| 種 | *L.cheesmanii* |
| 系統番号 | LA0421 |

特徴　標高50mの崖に這うように自生していた系統で、植物体に毛が少なく、1cmに満たない小さな果実を多く着生し、熟すと濃い黄色になる。この系統の自生する付近にはダーウィンフィンチが多く生息するが、この果実を食する個体は観察されていない。

| 種 | *f.minor* |
| 系統番号 | LA0317 |

特徴　海抜15mの海岸に自生していた系統で、熟すと黄色味を帯びたオレンジ色の果実を着生する。

●バルトラ島

サンタ・クルス島

サン・クリストバル島

| 種 | *f.minor* |
| 系統番号 | LA0532 |

特徴　波打ち際（海抜5m）の溶岩の間に這うように自生していた系統で、小葉は細かくシダ状になる。植物体全体に細かい毛が密生し、果実は熟すと濃いオレンジ色になる。

| 種 | *L.cheesmanii* |
| 系統番号 | LA0166 |

特徴　標高50mに自生し、ゾウガメに食べてもらうことにより分布域を広げた系統で、果柄に離層が形成されないジョイントレス形質を保有する。植物体全体に毛は少なく、熟すと緑色味を帯びた黄色の果実を着生する。

| 種 | *L.cheesmanii* |
| 系統番号 | LA1414 |

特徴　標高100mの火口湖の縁、ゾウガメのコロニーの中に自生していた系統で、毛じは少なく、節間が長い。果柄の離層は不完全離層を有する。

コラム5

トマト種子の輸入に関する問題点

　野生種は遺伝資源として品種改良のために重要だが、一方で導入に当たっては守るべきルールが多々ある。これらのルールを守らないと研究成果を発表できないばかりか、品種改良、生産や販売もできなくなるため注意が必要である。

　遺伝資源の導入に関する国際ルールは、1993年に発効された「生物の多様性に関する条約（CBD）」、2004年に発効された「食料及び農業のための植物遺伝資源に関する国際条約（ITPGR）」（2004年発効、日本は2013年から参加）の2つがある。

　トマトについても同様のルールが発生しているので、国外からは自由に種子等の輸入ができない。近年では、輸入植物の種類の拡大や輸出国の国際流通の迅速化にともなって、国内で発生していない新たな病害虫が侵入するリスクが増大したため、2012年2月から「ジャガイモやせいもウイロイド」（Potato spindle tuber viroid, PSTVd）の国内への侵入を防ぐために「植物防疫法」が改正され、原則的にトマト種子の輸入は禁止された。

　輸入する場合に、CBD、ITPGRなどの条約との関係がクリアされているかなどの検査を行い、次いで「植物防疫法」に定める方法をいくつもクリアする必要がある。

　その場合は毎年、「輸入禁止品管理（利用）状況報告書」を提出し立ち入り検査を受け、細部に渡る検査の後に植物防疫上問題なしという「解除命令」が出ない限りは第三者にトマト種子を譲渡することはできない。

　貴重な遺伝資源である野生種トマトや海外品種の種子の利用には、個人の倫理意識の他、細心の注意を払って国内・国外での諸ルールを尊守すべきである。なお、本書に記載されているトマトなどの入手に関しては、全て国際条約や国内の法律、個人の了解を得られたものであることを記しておく。

第6章

トマトの歴史

トマトはなぜ栽培されるようになったのか、
どこからどのようにして日本へやってきたのか、
トマトがたどってきた長い旅を紐解きます。

栽培までの道のり

1. 栽培トマトの起源

トマトをヨーロッパに持ち込んだのは誰か？

　最初にトマトをヨーロッパへ持ち込んだのは、スペイン艦隊を率いたヘルナン・コルテスの一行であるといわれている。彼らはメキシコに上陸後、陸伝いに進軍してアステカ人を征服し、数千年に及ぶマヤ・アステカ文明を滅ぼしたが、その際にスペインへトマトの種子を持ち帰ったとされている。また、最初にトマトを持ち込んだ人物にイタリア出身のコロンブスが挙げられることもある。コロンブス一行が最初に到着したのは現在のカリブ海・バハマ諸島の１つ、サン・サルバドル島である。彼らは４回の航海を行ったが、いずれも中央アメリカから南アメリカにかけてカリブ海沿岸をなぞるように進んでおり、ヘルナン・コルテス、コロンブスともに、カリブ海を中心に進出していることになる。

トマトの自生地は太平洋側のアンデス産地とガラパゴス諸島に当たる地域なので、彼らが持ち帰ったのであれば、メキシコのカリブ海沿岸に分布する野生種トマトの変種、*Lycopersicon esculentum* var. *cerasiforme*（以下、var.*cerasiforme*）か、この変種から派生した「栽培種への移行過程のトマト」を持ち帰ったことになる。

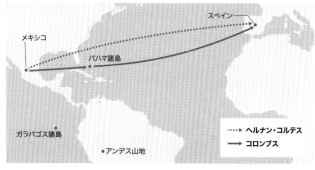

トマトがヨーロッパへ持ち込まれるまで

第6章 トマトの歴史

栽培トマトの起源　〜 ペルー説 〜

　栽培トマトの起源は、1884年当初はペルーが起源とされ、スペインのペルー征服後（1535年）にペルーからヨーロッパに持ち込まれたとする説が支持されてきた（ド・カンドル、マラーやラッキウィル）。その根拠は、トマトには当初「ポミデル ペルー（Pomi derperu）」、「マラ ペルビアーナ（Mala peruviana）」などペルーに由来する名がついていたこと、野生種トマトの多くがペルーに分布していたからである。しかし、後年になってこれらの呼び名は、フランスにてトマトとは別種の「チョウセンアサガオ」に用いられていた呼称であることがわかった。

　また、ペルー付近のアンデス山地の野生種トマトで食用に適する種は、*L. pimpinellifolium* と var.cerasiforme がある。前者は果径1cm程度と小さくかつ経済的ではなく、後者も果径2〜3cmと小さく、形も角ばっていびつでいずれも現在あるような栽培トマトと呼ぶにはあまりにも貧弱である。

　それでは、なぜド・カンドルらはペルー説を唱えたのか？　それは、「最初に人間が利用する目的で栽培を行った地域を発祥地とみなす」と定義しているからである。この定義に従えば、たとえ野生種であり果径が小さくて形がいびつであっても、ペルーで栽培・販売され、食用とされていた事実からペルーが栽培の発祥地といえる。

栽培トマトの起源　〜 メキシコ説 〜

　栽培トマトの起源には、ペルー説の他にメキシコ説が存在している。1948年、ジェンキンスはメキシコに分布するトマトの大きさや形を詳細に調べた。その結果、カリブ海に面したベラクルス州とこれに隣接する標高2000mの山岳地帯のプエブラ州周辺に分布するトマトには、野生種から栽培種へと移行する中間タイプとも呼ぶべき「栽培種への移行型」のトマトが多数分布することを発見した。これらのトマトには大きさや形に様々なタイプがあり、現在の市場でも見られるトマトの原型をなすものである。

これらの結果を踏まえ、ジェンキンスは栽培トマト（*L.esculentum*）を大きさと形の違いから5つの変種に分けた。このうちの1つに野生種トマトの var.*cerasiforme* が含まれていたこと、メキシコ地域に自生する野生種トマトのほとんどが var.*cerasiforme* であり、現地ではこの5つのタイプを食用にしていることから、野生種トマトの変種、var.*cerasiforme* が現在の栽培種の「直接の祖先種」であると提唱し、これら5つの変種が見つかったメキシコを栽培トマトの発祥地とした。

　野生種トマトの変種、var.*cerasiforme* は果径2〜3cmと現在のミニトマトに近いサイズで、果実を割ると2つの子室で構成されている。この構造は栽培種の中では原始的である。では、どうしてメキシコ説を唱えたのか？　それは、栽培種の発祥地の定義を、「完全な栽培型が成立した地域、または栽培種として多様性に富んでいる地域を発祥地とみなす」としているからである。野生種トマトの var.*cerasiforme* が栽培トマトの「直接の祖先種」であることに違いはない。

アンデス山地からメキシコへ

　アステカ人の祖先は遊牧民だったが、紀元前1000年頃にアンデス山地からメキシコ湾沿いのベラクルスの谷間に移り住んだ。定住民となっ

図2　野生種トマトから栽培トマトへの移り変わり（田淵原図）
左から：*L. (S.) pennellii*（成熟しても緑色の果実）→ *L.pimpinellifolium*（成熟すると赤色となるが1cm程度の大きさの果実）→ *L.esculentum* var. *cerasiforme*（栽培トマトの祖先種）→ *L.esculentum*（栽培トマト。メキシコ、ベラクルス谷に多い多子室のトマト）→ *L.esculentum*（現在のトマト）

第6章 トマトの歴史

たアステカ人は農耕を行うようになり、そこで積極的にトマトが栽培されたと考えられている。おそらく、アステカ人の祖先がペルーアンデス山地から現在のメキシコ周辺に移住・定住した際に、ペルー周辺に自生する野生種トマトを持ち込み、栽培を始めたことが、メキシコでのトマトの起源ではないかといわれている。

野生種トマトから栽培トマトへ

ベラクルスの谷間付近を中心に、野生種トマトから栽培種トマトへの移行を示す様々なトマトが見つかっている。例えば、野生種トマトの子室数は2室だが、このトマトは現在の栽培種トマトと同じ6〜8室（多子室性）で、果径3〜4cmまで大きくなり、様々な果形、果色をした果実がこの地域に集中している（図2、3）。この変異の多さには、ジェンキンス自身も論文の中で「アメリカで苦心して育成した型のほとんどがこの地域でみられる」と驚いたほどである。また、var. *cerasiforme* に対するメキシコ地域での呼び方が先住民族ごとに存在するため、古くからこの地域に野生型と栽培型の両方のトマトが利用され、現在みられる栽培トマトが成立したことになる。

図3　野生種トマトから栽培種トマトへの変遷（Luckwill, 1943を基に著者作成）
左から：野生種トマト（*L.pimpinellifolium*、2子室）→栽培種への移行型（var.*cerasiforme*、3子室以上）→メキシコの初期の栽培種トマト（*L.esculentum*、ベラクルス谷、多子室性）→現在の栽培種トマト

トマトの語源は？

アステカの人々は、ナワトル語のトマティル（tomatl）という語尾を持つ一連の言葉でいくつかのナス科植物を呼んでいた。メキシコでは、野生種トマトの変種 var.cerasiforme に対しては先住民族ごとに呼び方が違っていたが、栽培トマトだけはトマティルを共通語として使用している。これはアステカ文明のもとで栽培トマトが作られたことを意味している。

このようにメキシコでは、紀元後にはすでにメキシコのカリブ海沿岸・ベラクルス州から中央部山岳地帯・プエブラ州を中心にしてトマトの栽培が成立していたため、トマトを食用とする文化は1000年以上の歴史を持っていることになる。これは、ヘルナン・コルテスがやってくる500年以上も前のことである。

ヨーロッパにおけるトマトの最初の記述は、ドドエンスによる。1575年には、フランシスコ会のベルナルディーノ・デ・サアグン神父が『ヌエバ・エスパーニャ綜覧』の中で、「メキシコの青空市場を歩いていると、アステカ人の先住民族・ナファ族の女性がアユイ（aji＝赤トウガラシ）、ペピタス（pepitas＝カボチャ、ペピーノ種）、トマティル（tomatl＝トマト）、緑色のトウガラシなどの他に様々な香辛料を混ぜ合わせて、風味あるソースを作った」と記している。この文献に登場する古代アステカ語のトマティルが語源となり、ヨーロッパから「トマト」と呼ばれて世界共通の名称になっていったようである。

トマト受難の時代

ベルナルディーノ・デ・シアグン神父は、トマトソースの作り方についても記した。同時に、当時の豊かなアステカ人の料理を滅ぼしたスペイン人の罪も記載したため、スペイン国王・フェリペⅡ世の怒りを買い、この文献は発行禁止処分となった。以後、1829年にメキシコで再版されるまでの200年間は、トマトに関するレシピ本がなかったことになる。その結果、食用としてのトマトの普及は大幅に遅れることになり、新大

陸から持ち込まれたジャガイモなどの野菜に比べると、300年近くも遅れてヨーロッパの食生活の仲間入りをすることになってしまった。

スペインの貴族たちはアステカから略奪した金銀に注目し、ジャガイモ、トウモロコシ、カカオ、トマトなどの種子には見向きもしなかった。後世になって、これらの植物のおかげでヨーロッパをはじめとした世界中の食生活と文化は大きく変化し、頻繁に起きていた飢餓からも救われた。その結果、ヨーロッパの平均寿命は飛躍的に延びることになり、これらの食物が基盤となって加工食品などの新産業が誕生し、人々に新たな労働の場をもたらした。

その点から考えると、新大陸由来の植物種は、ヨーロッパをはじめとする世界中の食文化に劇的な変化をもたらし、生活水準を上げるための「食物の産業革命」的な役割を果たしたともいえるだろう。

なぜ、メキシコのベラクルス州で積極的にトマトが食用とされたのか？

メキシコ・ベラクルス州のトマトは、大きさや形が多様である。それは、この地域が温暖で（年間平均気温は約25℃、最高気温/最低気温＝28℃/22℃、年間降水量は1700mm）トマトの生育に適した環境条件を備えていたこと、古くからトマトの果実に似た大型のホオズキを肉などと一緒に煮込んで利用する食習慣があったことによる。

すなわち、var.cerasiforme はこの地域で積極的に食用とされ、煮込み料理に適した果肉の多い大きな果実を選んで栽培した結果、多種多様な栽培トマトが誕生したのであろう。

ペルーアンデスでも、var.cerasiforme が多様化する要素はあったに違いないが、メキシコとは違い乾燥した高地であり、乾燥ジャガイモ（チーニョ）が食文化として定着していた。このような食習慣の違いも栽培トマトの大型化に大きく関係しているのかもしれない。

2. ヨーロッパで市民権を得るまで

マンドラゴラとの混同

　新大陸の発見後、ヨーロッパに持ち込まれたトマトだが、当初は珍しい植物として観賞用にしか用いられなかった。食物として世間が認めるまでには、その後300年もの年月が必要であった。それは、トマトのレシピ本『ヌエバ・エスパーニャ綜覧』の発行禁止の影響もあったが、トマトがナス科植物であったことが大きい。

　当時のヨーロッパには、マンドラゴラ（正確にはマンドレイク）と呼ばれる、人々に非常に恐れられていた植物があった。この植物は、古くから薬草として用いられており、魔術や錬金術の原料として登場し、麻酔性、有毒性があって、誤って食べると健康を損なうナス科植物である。トマトは、このマンドラゴラと同じナス科植物であるという理由で、有毒で謎めいた「悪魔的な植物」とみなされた。また、神も存在しないような新大陸から運ばれてきた植物だったことから、ヨーロッパではルネサンス時代でも敬遠すべき邪悪で恐ろしい植物であるとされ、当時の神父たちは信者たちに、トマト果実を食べてはならないと言い渡した。その結果、トマト果実はさらに謎めいた存在となり、「禁断の果実」、あるいは「掟破り」や「反抗」としての象徴的な存在になった。

マンドラゴラは根が枝分かれして長く、引き抜こうとすると悪魔が悲鳴を上げ、それを聞いた人々には災いが生じるという伝説があった。したがって、この植物を引き抜く時には、おなかのすいた犬が使われた。

初めてトマトを食べた"勇気ある"イタリア人

　裕福な貴族のテラスや庭園で観賞植物として楽しまれていた。ところが、ナポリ（当時はスペイン支配下）では貧困状態から脱するために、毒があっても構わないので食べてみようという果敢な者が出始めた。

第6章 トマトの歴史

　最初にトマトを食べようとしたのは、王宮や貴族たちの豪邸の庭園の手入れを任されていた庭師たちであった。彼らは、手入れの傍ら、トマトの種子を密かに持ち帰って自宅の菜園に植えたり、知人の農家に配ったりした。当時のトマトは固くて酸味が強かったが、慢性的に空腹だった農民たちは、200年の間に酸味の弱い、多汁質で豊かな味わいのする品種へと改良していった。その結果、果実の大きさは、メキシコの栽培トマトや野生種トマトの10倍程度に大きくなった。

コラム7

トマトの学名の意味は「オオカミの桃」

　1752年、イギリスのミラーは友人であるスウェーデンのカール・フォン・リンネにトマトの分類を依頼した。リンネはトマトをナスの仲間として「*Solanum lycopersicum*」とした。ところがミラーは、トマトはトマト属であることを主張して、1754年にトマトをナス属から独立させて「*Lycopersicon esculentum*」とした。命名者はリンネの分類法により、ミラーとなった。現在もこの学名が用いられている。

　「Lyco=オオカミ、persicon=桃（モモ）、esculentum=食べられる」、すなわち、「食べられるオオカミの桃」という意味である。なぜオオカミの桃と呼んだのか、その理由は不明である。ある薬草学者によれば、トマトは北アメリカから渡来した植物で、強い香りがして、黄色味を帯びた汁が出るため、その様がオオカミのようであるとする説や、トマトがそれまで「禁断の果実」として忌み嫌われていたことが、家畜を襲う恐ろしい野獣のオオカミを連想させてこういう命名になったとする説など、諸説ある。

　なお、最近の分子・遺伝学的な研究ではトマトはナス属であるとし、トマト関係の論文には「*Solanum lycopersicum*」として登場する。ちなみに、この学名はリンネが1752年に最初に提唱した学名と同じものである。

嫌われものから、愛されものへ

トマト果実は、つややかで美しく、多汁で甘みと酸味のバランスがとれた、野菜の中で最も料理に使いやすいものだということがわかってきた。そこでイタリアでは、黄色い果実をつけるトマトを見て、トマトを「黄金の果実（ポモドーロ）」、フランスでは「愛の果実」、イギリスやドイツでは「愛のリンゴ」などの愛称で呼び、野菜料理に広く用いられるようになった。

なお現在は、古代アステカ語のトマティル（tomatil）を派生させて、英語はトマト（tomato）、スペイン語はトマーテ（tomate）と呼ぶが、イタリアでは今でもイタリア語でポモドーロ（pomodoro）と呼んでいる。

トマトは、ヨーロッパ人に発見されてから300年以上にも渡って迫害され続けてきたが、植物学者の研究、農民の試行錯誤により、18世紀半ばにようやく食用として認められるようになった。

1710年のウイリアム・ソロモン著『ハーバルボタノロジア』によれば、イタリア、スペイン、北アフリカなどの地中海沿岸諸国では、ビネガーやペッパー、塩、オリーブオイルで煮込んでも色鮮やかな赤色系品種のトマトが、温暖な気候を利用して栽培され、調理用として普及した。地中海沿岸諸国でトマト消費が大きく発達した理由の1つとして、パスタの味つけにトマトが使われるようになったことが挙げられる。当時のイ

イタリアで古くから栽培されているトマト品種
(左：「ポモドーロ」と呼ばれた'イタリアンバレンシア'、中：'ビーローマ'、右：'ローマVF')

タリアではパスタの味つけは羊のおろしチーズや黒コショウを使っていた。1839 年のカバルカンティによるレシピ本『ナポリ風家庭料理』などに、スパゲッティにトマトソースを使うことが紹介されたこともあり、ナポリで始まったトマトのパスタ料理はやがて世界中で食されるようになった。

その一方、緯度の高いイギリスや北欧では、光量が少なくても生育可能なトマトが品種改良によって生まれ、栽培された。これらの果実は果重 60 〜 70g 程度で香りや酸味が強く、主にサラダなどの生食用として普及した。

アメリカ大陸への里帰り

ヨーロッパで食用となったトマトは、アメリカに移住した人々を通して原産地へと里帰りを果たすことになるが、当初はやはり観賞用であった。それは、ヨーロッパと同様に毒があると信じられていたからで、しばしば、公の場で男性がトマトを食べて「勇気のある証」を見せる催しが行われたそうである。

アメリカで最初にトマトを栽培した人は、第 3 代大統領のトマス・ジェファーソンであるといわれ、1771 年にルイジアナ州の農場でトマト栽培をした記録が残っている。その後、ブキャナン大統領の晩餐会のメニューに初めてトマトが正式に加わって市民権を得たことで、トマトを食べる習慣がアメリカ全土に広まり、生食用、加工用として品種改良や栽培が行われるようになった。

アメリカは国土が広いので、保存食品の開発が進んだ。産業革命前後にブリキが発明され、果物や野菜の缶詰が出回るようになった。ハリソン・ウッドハル・クロスビーは、ブリキ缶によるトマト缶詰を作り、国内に広く普及させた。現在でも、ブリキ缶（スチール缶）によるトマト加工品として、ホールトマト、ケチャップ、ピューレは世界中で広く利用されている。

3. 日本への来歴

江戸時代に「唐柿」として伝来

日本へトマトが入ってきたのは歴史的に3回知られている。1回目は、今から350年ほど前の17世紀（江戸時代初期、1670年頃）、ポルトガル人が長崎に持ち込んだとする説で、この説が最も有力である。ヨーロッパで一般に広く栽培されるようになったのは18世紀なので、日本にはそれよりも前に伝わったことになる。1708年出版の貝原益軒『大倭本草巻之九・草之五』の雑草類の中には、唐柿として記されているため、トマトの伝来時期はそれ以前であると考えられている。当時は、「珊瑚茄子」（サンゴジュナスビ）とも呼ばれていた。日本で最も古いトマトの絵は、狩野探幽の「唐なすび」の写生である。伝来の経路は、東南アジアなどの南方、または中国を経由したといわれているが、中国での栽培記録はないようである。東南アジアのマレー半島やインドネシアのジャワ島では17〜18世紀頃に栽培されていた記録があることから、この地域からもたらされた可能性が高い。

トマトは珊瑚茄子と紹介されている。毘留舎那谷著『東莠南畝讖』（とうゆうなんぽしん）享保16（1731）（国立国会図書館デジタル化資料より）

明治時代に「アカナス」として伝来

トマト伝来の2回目は明治初期である。開拓史によってアメリカから野菜として再輸入され、勧業寮（現在の新宿御苑）で栽培された。トマトを「アカナス」と呼び、「蕃茄」の字をあてていた。当時の品種は、'ジェネラルグラント'、'トロピイ'、'レッドペアーシェイプド'などのアメリカの品種で、赤い果実で、酸味、香りが大変強かったことから日本人の嗜好対象にはならず、外国人向けに栽培されるにすぎなかった。大森貝塚を発見したアメリカ人・モースは「本国のトマトに比べると貧

第6章 トマトの歴史

弱で奇妙な形をしていた」と記している。食用としてやや注目されたのは明治時代末期であり、美食家の仮名垣魯文は『西洋道中膝栗毛』にトマトの食べ方を紹介している。これが日本におけるトマトのレシピ本の第1号であるといわれている。その後、大正3年には洋食の普及にともなって栽培も増加し、68.8ha、48品種が紹介されたが、栽培方法が確立する大正時代後半までは馴染みの薄い野菜であった。

昭和に伝来

トマトが伝来して野菜の仲間入りを果たすのは、昭和に入ってからである。この3回目の時にはアメリカから桃色系で果実が大きい'ポンデローザ'などの品種が伝来した。これらの品種は、子室が多くて果肉がやわらかい上に、香りが穏やかで酸味が少なかったため、日本人好みの味として認められ、太平洋戦争前に野菜の仲間入りを果たした。また、この時代に温室が普及し、昭和26年にはビニルの出現によってトマト生産が周年化され、栽培技術が飛躍的に進歩した。

昭和30年代以降、日本の経済発展に大きく貢献

1955年（昭和30年）頃を境に、日本の食生活は肉類を多く食べる洋風化が急速に進んだ。この時代、洋風の肉料理に添えるための野菜として「サラダ」が普及し、生で食べる生食用トマトの需要と消費が増加した。その中で、ファーストタイプと呼ばれる品種は、多子室、多肉性

桃色系の生食用品種'ファースト'。果実は桃色で先端部が尖った形をしている。子室数が多く果肉もやわらかいので、現在でも根強い人気がある。

で軟化や肉崩れが遅く、冬季でも酸味が少なかったことから業務用として広く普及した。

一方で、トンカツ、オムライス、スパゲッティやハンバーグに代表される洋風料理が手軽な食品として定着した。トンカツやオムライス、チャーハンにはトマト加工品のソースやケチャップなどが多く使われたので、結果的にトマトの消費量は大きく増加した。すなわち、この時代、トマトは生で食べるばかりではなく、料理にも本格的に取り入れられはじめたのである。

トマト加工品（製品）の普及

日本で最初にトマトの加工をした人は、内務省勧業寮新宿試験場の大藤松五郎である。1876 年（明治 9 年）にアメリカから帰国してトマトの缶詰を試作した。トマトの加工を商業的に成功させたのは、愛知県出身の蟹江一太郎（後のカゴメ株式会社の創業者）で 1903 年（明治 36 年）にトマトソースの製造に着手した。当時は生食用トマトを使っていたが、加工製品には大量の果実が必要となるため、無支柱で地面を這うようにして栽培する品種が育成された。茎がある程度伸びた時点で伸長を停止し、わき芽を伸ばしてたくさんの果実を着ける心止まり性、高温多湿な日本の気候に合わせて泥がはねても病気になりにくい耐病性、収穫時に果実が一斉に熟して腐りにくい性質などが付与された。また、加工用として適した果実になるよう、グルタミン酸やビタミンC、クエン酸などを豊富に含む栄養価の高い性質や、天然色素のリコペンやβ-カロテン含有量が多い赤色系品種が育成された。

加工用トマトの地這い栽培
支柱を使わずに地面を這わせて栽培する。
（長野県中信農業試験場）

第6章 トマトの歴史

完熟してから出荷しても傷まない「完熟トマト」の誕生

　東京オリンピック開催後の高度経済成長により、都市近郊の農地は宅地へと変化し、トマトの産地は次第に都市部から遠く離れていった。当時の生食用品種は、果実が完熟してから収穫すると輸送中や店頭に並んでいる間に傷みやすかったため、緑色の段階で出荷されていた。その結果、トマトは青臭い野菜というイメージが定着していた。

　そこで、完熟してから出荷しても傷まず、サラダに合うピンク色の甘い生食用品種として、1985年（昭和60年）に'桃太郎'がタキイ種苗株式会社で育成された。'桃太郎'は、果実が硬く肉厚で完熟しても傷まず、糖度は6以上と甘く、酸度とアミノ酸含量が調和していることから「完熟系トマト」と呼ばれ、昭和初期のトマト品種の代名詞となった。現在、生食用品種のほとんどは「完熟系」で占められ、多くの品種が周年栽培ができるよう育成されている。

わずか60年余りで日本の食生活に溶け込む

　近年、トマトは日本人1人当たりの野菜購入金額のトップを占めるまでに普及した。利用方法も多種多様となり、これらの要求に応える品種が次々に育成・生産されている。ミニトマトは子供の弁当箱に入れることができるサイズとして人気となり、定着していった。また、果径がゴルフボールくらいの大きさで房ごと収穫する中玉の「房取りトマト」も育成されている。

　さらに、健康志向ブームに支えられてトマトジュースの普及も急速に進み、ジュース専用品種として、1990年に農研機構野菜茶業試験場で'なつのこま'が育成された。イタリア料理・グルメブームによって、水気が少なく、赤みが強くて加熱調理に向く「クッキングトマト」も育成され普及しつつある。日本の家庭でトマトが日常の食卓に登場するようになったのは戦後わずか60年余りのことである。激動する時代の流れの中で、一気に食卓の主役に踊り出たトマトは、日本の活力の源になってきたといっても過言ではない。

コラム8

トマトが世界の人気者となった理由

トマトがあると、食事が楽しくなる

　ゲーテは『色彩論』の中で、赤色から黄色はエネルギッシュかつ健康で粗野な人間が特にこの色を好むと述べている。トマトが食卓に登場する前までのヨーロッパ料理は、パンやパスタ、肉に、オリーブオイルと塩を振りかけたものであった。そこにトマトが加わった結果、寂しかった食卓が明るくなった。地中海諸国の人々は、パンにオリーブオイル、ニンニクをつけトマトを乗せるとおいしいと感じるようになった。赤色や黄色に輝くトマトには、ゲーテのいうように生きる希望と勇気を与える陽気なエネルギーがあったようである。トマトの最初のレシピ本『ナポリ風家庭料理』を実践したのは、イタリアの世界的バイオリニスト、ニッコロ・パガニーニであった。同じく、作曲家で『セビリアの理髪師』などで音楽家の頂点に立つロッシーニもトマトを絶賛したと言われている。トマトは食事の楽しさを倍増させたのである。

食欲をそそる神秘的なトマトの色

　アメリカの心理学者ビレンは、赤色とオレンジ色が特に食欲をそそる色であることを発見した。赤色やオレンジ色が食欲を動かすことは、心の状態を動かすことに通じ、自律神経を刺激して高揚感を与え、血圧を上昇させ楽しい気分にさせる。その結果、胃液の分泌が促され、味覚が刺激されて食欲が増進することが多くの研究で知られている。大抵の場合、果実は熟すと赤色やオレンジ色に着色し、多汁となって甘くなる。このような状態の果実を人間や動物は好んで食するようになるので、本能的に赤色の果実はおいしいと感じるようになったと考えられている。ガラパゴス諸島に生息するツグミの仲間が赤色やオレンジ色のトマトを好んで食べ、島内に野生種トマトの分布域を広げているのは長年の経験から赤色やオレンジ色に熟したトマトは多汁で甘くておいしいと感じているためだと解釈される。

ほとんどの栄養成分がバランス良く含まれている

　一般的に栄養とは、糖質、タンパク質、脂質などの多量栄養素と、ビタミン類、ミネラルなどの微量栄養素などを言う（宮尾と二宮、1994）。トマトは野菜の中では、炭水化物を可食部100g当たりで4.7g、タンパク質を0.7g、脂質を0.1g含む。多量栄養素の含有量としては多くないが（五訂増補日本食品標準成分表）、微量栄養素を豊富に、かつバランス良く含んでいる特徴がある。つまり、ビタミン、ミネラルの供給源として重要で、食物繊維を多く含み微量栄養素の組成が良いので栄養学的にみると「余剰な糖分や脂肪分が少ない野菜」であるといえる。

　トマトは、ビタミンA効果を持つβ-カロテン（視力回復、内臓、皮膚、髪、歯を健康に保つ）の他にビタミンC（コラーゲン形成、感染症防止効果）、ビタミンB_1（神経系、筋肉、心臓の働きを助ける）やビタミンB_2（成長や生殖を助け、粘膜を保つ）、ビタミンE（体内の酸化を防ぐ）も含んでいる。さらに、微量金属元素の供給源としても重要なカルシウム、マグネシウム（循環器系の働きを助ける）の他に鉄（造血作用）、亜鉛（様々な酵素の素材）、セレン（ビタミンEと一緒に働き体内の酸化を防ぐ）も含んでいる。なお、栄養成分ではないが、トマトには食物繊維も多くペクチンとして存在し、悪玉コレステロールを低下させる作用があるといわれている。

ゼリー部に多い成分

　果実を果肉部とゼリー部に分けると、ゼリー部の割合は約20％となる。ペクチンの他、クエン酸やアミノ酸のグルタミン酸が含まれている（高澤、2007年）。特に、トマトにはグルタミン酸の含有量が多い。グルタミン酸には、舌の様々な味覚を刺激して満足させる「旨味」を感じさせる作用がある。トマトは様々な栄養素をバランス良く含むばかりでなく、「味のベース」としても世界に君臨することになったのである。

索引

学名を調べたい……………………………………… 194
国で調べたい………………………………………… 195
品種で調べたい……………………………………… 196〜
その他用語を調べたい……………………………… 201〜

学名

L.cheesmanii …………………………………144, 145, 169, 170, 171, 175
L.cheesmanii f.minor ……………………………………………… 44, 145
L.chilense……………………………………………… 44, 145, 162, 163
L.chmielewskii …………………………………………………44, 145, 157
L.esculentum var.cerasiforme …… 44, 124, 129, 131, 142, 145, 147, 148, 149, 150, 151, 152, 153, 154, 155, 160, 169, 178, 179, 180, 181, 182, 183
L.hirsutum ……………………………………… 44, 145, 157, 158, 159, 166
L.peruvianum ………………………………… 144, 145, 160, 161, 162, 163
L.pimpinellifolium …… 77, 131, 141, 144, 145, 148, 149, 154, 155, 157, 179, 180
L.（S.）pennellii ……………………………………… 145, 164, 165, 168, 173
Lycopersicon esculentum Mill.…………………………………………… 8
S.juglandifolium…………………………………………… 145, 167, 168
S.lycopersicoides ……………………………………………… 145, 167
S.ochranthum………………………………………………………145

国名・地名

アメリカ ……………………… 9, 20, 42, 44, 45, 72, 90, 93, 94, 95, 96, 97, 103, 125, 126, 127, 128, 129, 130, 131, 132, 145, 150, 169, 170, 171, 172, 178, 181, 185, 187, 188, 189, 190, 192

アルゼンチン …………………… 140

イギリス …… 90, 94, 125, 127, 133, 169, 185, 186, 187

イタリア ………………………42, 45, 97, 122, 123, 124, 136, 137, 178, 184, 186, 187, 191, 192

インド …………………………… 141

インドネシア …………………… 188

エクアドル …… 144, 150, 152, 154, 156, 158, 168, 169

エチオピア ……………………… 141

エルサルバドル ………………… 151

ガラパゴス諸島… 144,169,170,171, 172, 173, 174, 178, 192

旧チェコスロバキア …………… 135

旧ユーゴスラビア ……………… 135

ギリシャ …………… 123, 124, 137

グアテマラ ………… 140, 153, 154

コスタリカ ……………………… 154

コロンビア …… 144, 151, 154, 155

タイ ……………………………… 141

ドイツ …… 125, 127, 134, 142, 186

日本……8, 9, 21, 23, 24, 44, 45, 68, 84, 89, 90, 91, 92, 93, 94, 95, 96, 97, 100, 112, 118, 120, 121, 123, 124, 125, 128, 129, 131, 136, 137, 138, 140, 141, 145, 167, 168, 177, 188, 189, 190, 191

ニュージーランド ……………… 140

パナマ …………………………… 150

バハマ諸島 ……………………… 178

ハンガリー ……………………… 135

フランス… 42, 122, 126, 127, 136, 137, 179, 186

ペルー …… 133, 141, 144, 147, 148, 150, 151, 152, 153, 154, 155, 156, 157, 158, 160, 161, 164, 165, 167, 168, 169, 179, 181, 183

ポーランド ……………………… 135

ボリビア ……… 144, 149, 153, 155

ポルトガル ……… 93, 122, 123, 188

ホンジュラス ……… 150, 153, 154

メキシコ ……… 126, 129, 131, 140, 141, 144, 147, 151, 160, 169, 178, 179, 180, 181, 182, 183, 185

ヨーロッパ ……………………… 9, 112, 122, 125, 127, 133, 134, 135, 136, 142, 167, 178, 179, 182, 183, 184, 186, 187, 188, 192

ルーマニア ……………………… 135

ロシア ……………………… 138, 139

品種名

A

Ailsa Craig ……………… 133
Alicante ……………………… 133
Amana Orange ……………… 128
Aunt Ruby's German Green … 128

B

Baby Heart ……………… 133
Banana Legs ……………… 128
Basinga ……………………… 128
Belyi Naliv ………………… 138
Bellestar ……………… 122, 136
Best of All …………… 90, 94
Black Krim ………………… 138
Black Plum ………………… 138
Black Prince ……………… 138
Blue Fruit ………………… 138
Bonny Best ………………… 94
Brandywine ………… 128, 130
Buffalo Heart …………… 135
Bull's Heart ……………… 138

C

Caro Rich ………………… 129
Caspian Pink ……………… 139
Ceylon ……………………… 129
CF プチぷよ ………… 114, 119
Cf 優福 …………………… 100, 118

Cherokee Purple ………… 129
Cluj Yellow Cherry………… 135
Costoluto Genovese………… 136
Coyote ……………… 140, 151
Crnkovic Yugoslavian ……… 135
Csikos Botermo…………… 135

D

Delicious ……………… 91, 94, 95
Dutchman ………………… 129
Dwarf Cha m pio ………… 95

G

Garlden Peach …………… 133
Giant Belgium …………… 129
Giant Syrian……………… 129
Gogoshari Striped………… 139
Greek Domata …………… 137
Green Giant……………… 134
Green Sausage …………… 134

H

Henderson's Winsall ……… 95
Hess ………………………… 134
Hillbilly …………………… 130

索引　品種名

I

Indian Moon ················ 140

J

Jaffa ···················· 134
Jaune Flammee ············ 136
Jersy Devil ··············· 130
June Pink ················· 95

K

Kalman's Hungarian Pink ··· 135

M

Marglobe Improved ········· 95
Marianna's Peace ·········· 135
Marizol Bratka ············ 130
Marmande VR ············· 136
Marvel Striped ············ 140
Money maker ············· 133
Mortgage Lifter ··········· 131
Moskvich ················ 139

N

New Globe ············ 96, 97
New Zealand Pink Pear ····· 140

P

Paul Robeson ············· 139
Peron Sprayless ··········· 140
Persimmon Oragne ········· 130
Pink Grapefruit ············ 133
Pink Sweet ··············· 130
Power's Heirloom ·········· 130
Pritchard ················· 96
Purple Calabash ··········· 131
Purple Russian ············ 139

R

RAF tomato··············· 131
Red Cherry ············ 91, 97
Red Currant ·············· 131
Red Fig ·················· 131
Red Georgia ·········· 125, 131
Red Pear ················· 96
Riesentraube ············· 132
Roma ··················· 136
Roman Candle ············ 132
Rose ···················· 132
Rosso Sicilian Togetta········ 136

S

Saint Pierre ················ 13
San Marzano ·········· 97, 137
San Pierre ··········· 122, 137

197

Santa Clara Canner …… 96, 137	Yellow Pear …………… 97, 151
Santiago ……………………… 140	
Schwarze Sarah……………… 134	
Snowberry …………………… 141	**あ行**
Spoon ………………………… 141	アイコ……………… 69, 114, 119
Stone ………………………… 96	愛知……………… 58, 91, 98, 99
Striped German ……………… 134	愛知ファースト……………… 58
Surender's Indian Curry …… 141	アニモ TY-12 …………101, 118
	有彩 014 ………………… 100
T	有彩 017 ………………… 100
Tadesse ……………………… 141	いちふく……………… 101, 118
Taxi …………………………… 132	糸島…………………… 78, 98
Thai Pink Egg ……………… 141	興津 1 号 ……………………… 92
Thessaloniki ………………… 137	興津 6 号 ……………………… 92
Tlacolula Ribbed …………… 141	
TY ファースト ……… 59, 101, 118	**か行**
TY みそら 86 …………101, 118	ガードナー……………… 28, 54
	カンパリ……………… 112, 119
V	冠美……………………102, 118
Vee Roma …………… 137, 186	強力米寿…………… 92, 102, 118
	クックゴールド……… 45, 117, 119
W	熊本 10 号 …………………… 98
White Queen ………………… 132	栗原…………………………… 91
Wonder Light ………………… 139	群玉…………………………… 98
	ごほうび………………102, 118
Y	
Yellow Gooseberry ………… 132	**さ行**
	彩果……………………102, 118
	サターン…………… 39, 92, 103, 118

索引　品種名

サポート…………… 28, 51, 66	ハウス桃太郎…… 53, 79, 105, 118
サンチュリーピュアプラス…… 114	華美………………………… 105
サン・マザノ………………… 44	パルト………………… 105, 118
サンロード…………… 103, 118	ビーフハート……………… 58, 99
秀麗…………… 53, 104, 118	風林火山…………………… 106
純系愛知ファースト…………… 99	福寿2号…………………… 92
ジョイント………… 28, 40, 57, 59	フルーツ…………………… 91
招福パワー…………… 39, 47	フルティカ………… 68, 112, 119
瑞栄……………… 104, 118	プレミアムルビー………… 115, 119
スーパーなつめっ娘……115, 119	べにすずめ…………… 115, 119
スーパーファースト… 59, 104, 118	豊玉………………………… 99
すずこま……………… 117, 119	豊作祈願1103………… 106, 118
スパイク 28, 48, 54, 57, 59, 66, 67, 79, 82	ホーム桃太郎EX ………… 106
成功17号………………… 99	ポンデローザ………… 91, 94, 98
世界一………………… 91, 99	

た行

大安吉日…………… 105, 118
千果99 ………… 69, 116, 119
ティオ・クック………… 45, 117
デリシャス………………… 91

な行

なつのこま…………… 45, 191

は行

ハーディンス・ミニアテュア… 44

ま行

マーグローブ……………… 91
ミニキャロル………… 115, 119
桃太郎…… 39, 47, 50, 93, 106, 118, 149, 191
桃太郎ギフト………… 107, 118
桃太郎グランデ……… 107, 118
桃太郎サニー……………… 108
桃太郎なつみ……………… 108, 118
桃太郎はるか……… 53, 108, 118
桃太郎ピース……… 53, 108, 118
桃太郎ファイト……… 109, 118
桃太郎ホープ………… 109, 118
桃太郎ヨーク………… 109, 118

ら行

ラブリーさくら……………… 69, 116
りんか……………… 39, 47, 109, 118
ルネッサンス……………… 110, 118
ルビーラッシュ……………… 116, 119
麗夏……………… 39, 47, 50, 110, 118
麗月……………………… 110, 118
麗旬……………………… 110, 118
麗容……………… 39, 47, 53, 111, 118
レッドオーレ……………… 68, 112, 119
レッド・チェリー……………… 91
レッドボレロ……………… 112, 119
ろくさんまる……………… 111, 118

わ行

ワンダーボール50 ……… 113, 119

その他

記号

β-カロテン………… 9, 20, 77, 126

アルファベット

LED……………………… 73, 76

あ行

青枯病……… 28, 107, 118, 119, 162
アザミウマ……………… 54, 84
アブラムシ…… 27, 51, 54, 57, 63 80, 84, 163
雨よけ栽培…… 24, 25, 30, 39, 46, 70, 100, 102, 106, 109, 115, 116
維管束……………… 19, 57, 64, 78
育苗… 11, 23, 26, 27, 36, 40, 46, 47, 48, 50, 51, 54, 59, 62, 64, 65, 66, 67, 68, 69, 70, 72, 73, 76, 78, 84
異常茎… 49, 56, 61, 67, 106, 114, 116
疫病… 27, 49, 51, 54, 59, 63, 66, 67, 83, 98, 99, 147, 158, 159
エチレン……………………… 17, 19
黄化葉巻病… 57, 59, 61, 67, 84, 101, 115, 162
オンシツコナジラミ… 27, 54, 63, 81, 159, 166
温床育苗……………… 23, 47, 48, 50

か行

開葯……………………… 15, 16
花器官…… 16, 17, 32, 60, 163, 164
隔壁……………………………… 17
がく片…… 14, 17, 51, 142, 154, 157, 160, 175
加工用………… 8, 9, 44, 45, 77, 91, 95, 96, 97, 98, 117, 122, 124, 126, 136, 137, 138, 173, 187, 190
加工用トマト………………………… 9, 25, 42, 43, 44, 45, 79, 93, 111, 117, 119, 122, 124, 172, 173, 190
仮軸分枝…………………… 13, 14
夏秋雨よけ栽培… 25, 30, 39, 46, 70, 100, 102, 106, 109, 116
夏秋トマト………………… 38, 39
花序………………………… 13, 162
褐色根腐れ病…… 28, 57, 59, 61, 82
過繁茂 34, 35, 49, 53, 54, 56, 60, 61, 64, 66, 67, 106, 131
カリ… 30, 31, 40, 47, 56, 145, 146, 161, 178, 179, 182
カロテノイド系色素…………… 20
カロテン… 8, 9, 20, 45, 77, 126, 129, 132, 146, 173, 190, 193
完熟系品種…………… 9, 39, 41, 47
灌水… 27, 32, 49, 50, 51, 54, 55, 59, 60, 63, 66, 67, 73, 78, 83, 108
黄色えそ病……………………… 84
奇形果…………………………… 78
機能性成分………………… 8, 75
休眠……………………… 10, 27
キュウリ……………… 25, 65, 84
キュウリモザイクウイルス病… 81
空洞果…… 49, 64, 67, 79, 101, 102, 106, 108, 109, 110, 111, 130
クエン酸…… 8, 20, 45, 77, 190, 193
苦土欠乏……………… 56, 61, 64
高温多湿…… 27, 40, 44, 67, 83, 96, 100, 124, 131, 132, 136, 153, 155, 168, 190
抗酸化作用………………… 20, 45
高色素発現遺伝子……………… 77
高冷地 38, 39, 40, 41, 46, 48, 69, 99, 144
コルキールート………… 57, 61, 82
根冠……………………………… 10

さ行

採光性… 25, 34, 35, 37, 51, 54, 60, 63, 64, 67, 69, 104, 111
サツマイモネコブセンチュウ… 28, 51, 61
子室… 14, 17, 96, 98, 101, 104, 107, 108, 109, 117, 136, 137, 141, 150, 151, 152, 153, 154, 155, 180, 181
ジベレリン…… 32, 51, 55, 60, 67, 79
子房…………… 14, 16, 17, 18, 19, 78
周年栽培… 23, 24, 25, 93, 116, 191
種子… 10, 17, 19, 27, 40, 47, 62, 72,

73, 76, 79, 96, 120, 126, 129, 130, 148, 171, 172, 176, 178, 183, 185
主枝１本直立Ｕターン整枝法… 64
主枝２本仕立て法 ……… 33, 36, 64
主枝１本直立仕立て法……… 35, 60
主枝摘心２本直立仕立て法…… 36
受粉… 13, 15, 16, 17, 55, 60, 87, 105, 113, 156, 158, 160, 163
準高冷地…………… 38, 39, 46, 69
子葉………………………… 10, 11
条腐れ果……………………… 64
植物工場………… 72, 73, 74, 75, 76
尻腐れ果… 56, 61, 67, 79, 101, 107
シルバーリーフコナジラミ…… 81
心腐れ果………………… 48, 106
心止まり性………… 12, 43, 44, 98
スイカ………………… 25, 65, 84
水耕………………………… 72
すじ腐れ果… 41, 49, 104, 109, 111
生育適温…………………… 32
成熟期…………… 19, 44, 78
生食用… 8, 9, 35, 42, 93, 96, 97, 98, 107, 122, 124, 125, 128, 129, 130, 131, 132, 133, 134, 135, 137, 138, 139, 140, 141, 187, 189, 190, 191
生理障害………… 41, 47, 49, 51, 56, 60, 64, 67, 78, 86, 100, 101, 104, 109, 113, 117
節間… 53, 60, 61, 108, 113, 114, 115, 117, 134, 142, 155, 171, 175
セル成型苗……………… 72, 73

早熟栽培……… 23, 24, 25, 31, 50, 51
促成栽培…… 11, 23, 25, 31, 52, 53, 54, 56, 57, 58, 61, 62, 67, 68, 69, 70, 101, 102, 104, 105, 108

た行

胎座………………… 14, 17
立枯れ病…………… 54, 62, 66
タバコココナジラミ… 54, 57, 61, 67, 81, 84, 162
単為結果………………… 113
単為結果性… 93, 105, 110, 113, 115, 116
短花柱花………………… 15, 16
短期促成栽培……………… 52, 58
暖地…………… 38, 40, 48, 53
窒素… 13, 40, 47, 49, 61, 64, 67, 86, 87, 108
着色不良果………………… 79
中果皮……… 17, 97, 126, 137, 151
長期栽培…… 33, 34, 52, 53, 54, 100, 102, 117
追肥… 30, 31, 32, 40, 41, 51, 55, 60, 63, 66
接ぎ木…… 28, 40, 47, 48, 49, 57, 59, 61, 66, 84, 105, 107
つる下ろし整枝法…………… 55, 67
定植………… 11, 23, 26, 30, 32, 35, 36, 38, 40, 41, 46, 47, 48, 50, 51, 54, 55, 56, 59, 60, 61, 63, 64, 66,

67, 68, 69, 70, 76
定植時期……………… 26, 47, 48, 50
摘心… 33, 34, 35, 36, 37, 41, 49, 69
摘葉…………34, 35, 41, 49, 55, 69
転流…………… 13, 18, 19, 20, 35
土壌消毒… 50, 51, 57, 59, 61, 63, 64, 66, 81, 82, 84
トマトサビダニ………………… 81
トマトトーン…… 32, 51, 55, 60, 67, 79, 113
トマトモザイクウイルス 28, 54, 57, 64, 84
トンネル早熟栽培……… 25, 50, 51

な行

内果皮………………………… 17, 97
内胚乳………………………………… 10
斜め誘引整枝法… 34, 48, 49, 55, 60, 64, 67
二酸化炭素……………… 26, 32, 73
根腐れ萎凋病………… 57, 59, 61, 64
ネコブセンチュウ（ネマトーダ）……
…28, 30, 48, 51, 54, 61, 66, 81, 92, 118, 119, 159

は行

灰色かび病………… 56, 61, 83, 137
胚軸…………………………………… 10
胚珠…………………………………… 14

培地…………………… 26, 27, 73
パイプハウス………………… 25, 46
ハウス抑制……………… 11, 25, 31, 70, 100, 101, 105, 106, 107, 108, 109, 112, 114
葉かび病… 63, 83, 92, 118, 119, 128, 162
播種……………… 10, 23, 24, 26, 27, 40, 46, 47, 48, 50, 52, 54, 59, 62, 65, 66, 68, 69, 72, 73, 172
播種床……… 27, 40, 47, 54, 66
ハスモンヨトウ………………… 80
鉢上げ……………… 27, 47, 54, 66
花芽…… 12, 13, 14, 16, 46, 78, 114
ハモグリバエ………… 54, 80, 159
半身萎凋病…………… 78, 118, 119
半促成栽培……………… 23, 24, 25, 62, 64, 68, 69, 70, 102, 104, 106, 108, 109, 110, 111
斑点病…… 27, 54, 59, 66, 118, 119
非心止まり性……………… 12, 157
ビタミンC…… 8, 96, 157, 190, 193
ビニル栽培…………………… 93
ビニルハウス…… 24, 25, 52, 54, 62, 63, 111
日焼け果…………………… 51, 79
ファースト型…… 25, 31, 52, 58, 99
複合耐病性… 92, 93, 100, 101, 103, 112
分化… 10, 11, 12, 13, 14, 16, 23, 46, 78, 92, 93, 122, 125, 126, 160

平坦地……………………………… 38
保温………………… 23, 25, 51, 67
ホルモン処理… 49, 63, 69, 71, 103,
　114, 115, 116
本葉… 11, 14, 27, 36, 43, 59, 60, 66

ま行

マルハナバチ…… 15, 33, 60, 67, 69,
　113, 115, 116
ミカンキイロアザミウマ…… 80, 84
緑熟種　126, 146, 148, 149, 156, 157
芽かき………………………… 41, 48
メロン……… 25, 58, 59, 65, 76, 134
基肥………………………… 30, 31, 40

や行

有胚乳種子………………………… 10
養液土耕栽培……………………… 70
幼根………………………………… 10
抑制栽培………… 11, 23, 25, 31, 46,
　65, 66, 67, 68, 69, 70, 78, 100, 101,
　105, 106, 107, 108, 109, 111, 112,
　114, 116

ら行

乱形果………………………… 47, 59, 78
リコペン… 8, 9, 20, 45, 77, 79, 124,
　126, 132, 146, 149, 190

離層… 16, 17, 43, 45, 111, 136, 164,
　172, 175
硫酸マグネシウム……… 56, 61, 64
リン酸…………… 27, 30, 31, 40, 47
輪紋病…… 27, 54, 59, 66, 147, 162
裂果… 38, 39, 41, 46, 49, 51, 78, 102,
　103, 105, 108, 110, 112, 113, 114,
　115, 116, 117, 136, 138, 140, 146
連作………………… 40, 49, 50, 59, 65
連続摘心法……………………… 33, 37
露地栽培…… 23, 24, 25, 30, 38, 39,
　40, 41, 42, 44, 48, 49, 50, 51, 53,
　58, 65, 68, 69, 72, 78, 83, 102, 113,
　115, 117, 136

わ行

わい性………… 42, 44, 77, 126, 136

参考文献

青葉　高：日本の野菜，八坂書房，1982．
金浜耕基編：野菜園芸学，文永堂出版，2007．
金浜耕基編：園芸学，文永堂出版，2010．
星川清親：栽培植物の起源と伝播，二宮書店、1983．
藤井健雄：トマト，産業図書，1948．
青木宏史：トマトの栽培技術，誠文堂新光社，2014．
原　襄：植物形態学，朝倉書店，1994．
ポーラ・ルダル（鈴木三男・田川浩美訳）：植物解剖学入門，八坂書房，1997．
松井　孝（編）：生活と園芸，玉川大学出版部，2004．
斉藤　隆：野菜の生理・生態，農文協，2008．
伊東　正ら：蔬菜園芸学，川島書店，1990．
小倉　譲：植物形態学，養賢堂，1979．
藤巻　宏・鵜飼保雄：世界を変えた作物，培風館，1985．
宮沢賢治：黄いろのトマト，パロル舎，2003．
内田洋子・S・ピエールサンティ：トマトとイタリア人，文藝春秋，2003．
河野友美：トマトの百科，パール新書，1971．
宮尾興平・二宮英治：トマトでガン・ボケ・動脈硬化を防ぐ，ペガサス，1994．
栽培植物の起源：田中正武，NHKブックス，1978．
河野友美：トマト味の旅，玉川選書，1982．
西津貴久ら：農産物性科学，コロナ社，2011．
古在豊樹：図解でよくわかる植物工場のきほん，誠文堂新光社，2014
Atherton,J.G.and Rudich,J.(eds.):The Tomato Crop, Chapman and Hall, 1986.
Heuvelink,E: Tomatoes, CABI Publishing, 1999.
Esau,K.: Anatomy of Seed Plants, John Wiley & Sons, 1977.
William　G. D'Arcy: Solanaceae, Biology and Systematics, Columbia University Press, 1986.
Kalloo,G.(Ed): Genetic Improvement of Tomato, Springer-Verlag, 1991.
Preedy, V.R. and R.R.Watson:　Tomatoes and Tomato Products, Science Publishers, 2008.
Benton Johns J,Jr: Tomato Plant Culture:CRC Press, 1999.
3rd Woldwide Congress on the Processing Tomato: ISHS, 1998.
Kondo,N .et al: Physical and Biological Properties of Agricultural Products, Kyoto University Press, 2014.
Tomato Genetics Resource Center: UC Davis, USA.

写真提供

玉川大学大学院修士課程　山田隆裕
玉川大学大学院修士課程　小林孝至
公益財団法人東京都農林水産振興財団東京都農林総合
研究センター
カネコ種苗株式会社
タキイ種苗株式会社
トキタ種苗株式会社
ナント種苗株式会社
みかど協和株式会社
愛三種苗株式会社
株式会社 サカタのタネ
株式会社 渡辺採種場
株式会社武蔵野種苗園
丸種株式会社
公益財団法人園芸植物育種研究所
朝日工業株式会社
有限会社ベストクロップ

あとがき

　本書のベースとなったのは、雑誌『農耕と園藝』に連載された「トマトの履歴書」である。この連載を通して多くの方々からご質問、ご意見を頂く機会が増え、大変ありがたいと感じていた。特に驚いたのは、種苗会社や栽培者からの問い合わせはもとより、新聞や雑誌、テレビなどの関係者、学校教育の現場の方々、レシピなどの料理関係者、絵本作家に携わる方々などなど、多様性に満ちた方々からのご連絡であった。方々の質問は非常に熱意に満ちており、それぞれが全く異なっている。まさに多様性そのものである。トマトの「素晴らしさ」「魅力」に触れたいという一心での要求であった。

　そのようなことから、当初は「トマトの履歴書」に、ページの関係で書き足りなかった部分を、書き加えていく感覚でいたのだが、ついにはトマト栽培の歴史から、形態、生理、生態、野生種トマトや栽培トマトの品種、作型や栽培方法まで、トマトのほとんどを網羅してしまうようになってしまった。1つのことを知ろうと思えば、より多くのことを知らなければボキャブラリーは少なくなる、そのことを思い知らされたようでもあり、不勉強さを改めて知ったものであった。しかし、そこまでの知識は持ち得ないので、一読されて物足りない部分についてはどうか、

ご容赦を頂ければと思っている。

　野生種トマトの写真については、おそらく今までご覧になったこともないようなものが並んでいると思われる。初公開の写真も多い。彼らは非常に気難しいが、我々に正直に何かを語りかけてくれる。栽培種の本質は、野生種を見ればわかりやすい。植物から謙虚に学ぶ姿勢さえ持っていれば、トマトは自ら心を開いてくれるので、その謙虚な気持ちだけはいつまでも忘れずに持ち続けたいと思っている。研究に基づいた技術革新は今後ともますます進んでいくに違いないが、1粒の種子がなければ何もできない。

　「野生種トマトを見て、夢を感じなさい」とは、カリフォルニア大学教授の故チャールズ・リック博士のお言葉である。たった1粒の小さな種子であっても、これがなければその後の研究・教育は成し得なかった。これらのトマトがいつまでもわが国でも花を咲かせ続けられますように、いくら感謝を申し上げても感謝しきれないが、本書をまとめる機会を与えて下さった誠文堂新光社の皆様、最後まで読破して頂いた皆様、そしてトマト達に心より感謝を申し上げる。

田淵俊人

田淵俊人（たぶちとしひと）

1959年島根県に生まれる。東京農工大学大学院農学研究科修士課程修了後、東北大学大学院農学研究科博士（農学）。玉川大学にて農学部助手、同・講師、同・助教授を経て、現在は玉川大学農学部教授を務める。トマトの栽培品種、野生種、加工用品種などをはじめ、その他果菜類についての研究や、ハナショウブを中心とした日本伝統園芸植物や、各種切り花品目の鮮度保持についてなど、園芸学全般、特に解剖学や組織化学などにおいて幅広い研究を行っている。

カバー・本文デザイン…川原朗子
イラスト…有留ハルカ
編集協力…塩野祐樹、プラスアルファ

本書は『農耕と園芸』（誠文堂新光社）にて、2013年1月号〜2014年1月号まで連載された「トマトの履歴書」に大幅な加筆、修正を加えたものです。

「農耕と園芸」ブックス
基礎知識、栽培技術、国内品種から野生種まで完全網羅

まるごとわかるトマト

2017年5月24日　発行　　　　　　　　　　　　　　　　NDC615

著　者	田淵俊人（たぶちとしひと）
発行者	小川雄一
発行所	株式会社 誠文堂新光社
	〒113-0033　東京都文京区本郷3-3-11
	（編集）TEL.03-5800-3625
	（販売）TEL.03-5800-5780
	URL http://www.seibundo-shinkosha.net/
印刷・製本	大日本印刷 株式会社

©2017, Toshihito Tabuchi　　　　　　　　　　　　　Printed in Japan

検印省略
本書掲載記事の無断転用を禁じます。
万一落丁、乱丁本の場合は、お取り替えいたします。

本書のコピー、スキャン、デジタル化等の無断複製は、著作権法上での例外を除き、禁じられています。本書を代行業者等の第三者に依頼してスキャンやデジタル化することは、たとえ個人や家庭内での利用であっても、著作権法上認められません。

JCOPY ＜（社）出版者著作権管理機構 委託出版物＞
本書を無断で複製複写（コピー）することは、著作権法上での例外を除き、禁じられています。本書をコピーされる場合は、そのつど事前に、（社）出版者著作権管理機構（電話 03-3513-6969／FAX 03-3513-6979／e-mail:info@jcopy.or.jp）の許諾を得てください。

ISBN978-4-416-51796-3